스크린 프린팅을 활용한
전자섬유 제품

저자 소개

임대영 한국생산기술연구원 수석연구원

이수현 서울대학교 의류학과 조교수

이소정 한국생산기술연구원 박사

스크린 프린팅을 활용한
전자섬유 제품

초판 발행 2025년 2월 17일

지은이 임대영, 이수현, 이소정
펴낸이 류원식
펴낸곳 교문사

편집팀장 성혜진 | **책임진행** 윤지희 | **디자인** 신나리 | **본문편집** 유선영

주소 10881, 경기도 파주시 문발로 116
대표전화 031-955-6111 | **팩스** 031-955-0955
홈페이지 www.gyomoon.com | **이메일** genie@gyomoon.com
등록번호 1968.10.28. 제406-2006-000035호

ISBN 978-89-363-2634-0 (93500)
정가 20,000원

스크린 프린팅을 활용한 전자섬유 제품

임대영 · 이수현 · 이소정 지음

SCREEN PRINTING FOR E-TEXTILE PRODUCTS

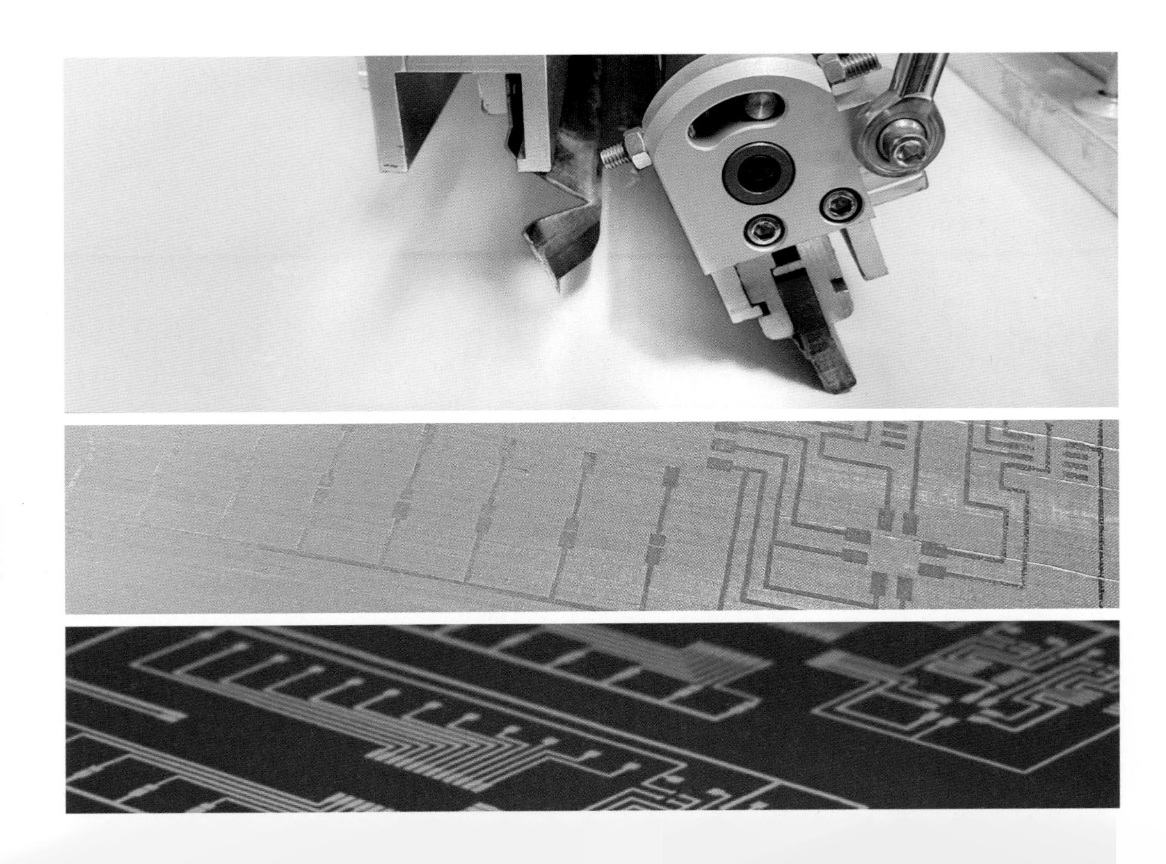

머리말

전자섬유 기술은 차세대 혁신적인 해결책을 제공하며,
스마트 의류부터 헬스케어, 스포츠, 엔터테인먼트에 이르는
다양한 분야에서 새로운 가능성을 열어가고 있습니다.

전자섬유(E-textile)는 섬유와 전자회로를 결합한 혁신적인 기술로, 스마트 의류, 웨어러블 디바이스, 의료 및 스포츠 분야에 이르기까지 다양한 분야에서 활용되고 있습니다. 전자섬유 제품을 제작하는 과정은 단순히 회로를 섬유 위에 배치하는 것을 넘어서, 섬유와 전자부품을 유기적으로 결합하는 창의적이고도 복잡한 작업입니다.

이 책은 스크린 프린팅이라는 인쇄 기술을 통해 전자섬유 제품을 제작하는 방법을 다루고 있습니다. 스크린 프린팅은 회로나 전극 같은 전자부품을 섬유 위에 정밀하게 인쇄할 수 있는 기술로, 기존의 전통적인 전자부품 제조 방식보다 저렴하고, 효율적이며, 대량 생산에 적합하다는 장점이 있습니다. 이 책에서는 스크린 프린팅을 활용하여 전자섬유를 어떻게 제작할 수 있는지 단계별로 설명하고, 다양한 실제 사례를 통해 독자들이 기술을 실용적으로 적용할 수 있도록 돕습니다. 특히 섬유 위에 직접 전자회로를 인쇄하는 방식은 기존의 복잡한 회로 연결 방식을 대체할 수 있어 디자인의 자유도와 생산성을 극대화할 수 있는 기회를 제공합니다.

스크린 프린팅을 활용한 전자섬유 제품을 개발하기 위해서는 단순히 프린팅 기법을 이해하는 것을 넘어, 전자회로의 원리와 디자인, 소재의 특성 등을 종합적으로 고려해야 합니다. 이 책에서는 그 과정들을 차근차근 설명하며, 독자가 스크린 프린팅을 통해 전자섬유 제품을 창조하고 발전시킬 수 있는 기반을 제공하고자 합니다. 책은 총 5개의 장으로 구성되어 있습니다. 1장에서는 전자섬유의 기본 개념과 제조방법을 살펴봅니다. 2장에서는 스크린 프린팅 기술의 원리와 전자섬유 제품 제조에 필요한 프린팅 기법, 그리고 전자섬유와 프린팅 기술의 관계 및 전망을 논의합니다. 3장에서는 전자섬유 제조를 위한 재료 선택과 기재의 특성, 그리고 텍스타일과 프린팅 기술의 융합에 대해 설명합니다. 또한 전도성 잉크의 다양한 종류와 특성에 대해 깊이 있게 설명하며, 전도성 잉크 선택 시 고려해야 할 중요한 요소들을 다룹니다. 4장에서는 스크린 프린팅 장비와 이를 활용한 전자섬유 제작 과정을 구체적으로 안내함으로써 독자가 실제로 전자섬유 제품을 제작할 수 있도록 돕습니다. 마지막으로 5장에서는 실습을 통해 전자섬유 제품을 제작하는 실제 사례를 소개합니다. 텍스타일형 발열패드, 터치 센서, 근전도 측정 종아리 슬리브, EMS 손목 보호대의 제작 과정을 상세하게 설명하여 스크린 프린팅 기술의 기초부터 적용까지 단계별로 학습할 수 있습니다.

스크린 프린팅을 활용한 전자섬유 기술이 가져올 미래는 무궁무진합니다. 이 책이 전자섬유 제품 개발에 대한 새로운 시각을 제공하고, 여러분의 창의력과 기술적 역량을 한층 더 발전시킬 수 있는 소중한 자원이 되기를 진심으로 바랍니다. 마지막으로 이 책의 출판을 위해 애써주신 교문사 편집진의 노고에 감사의 마음을 전합니다.

2025년 2월

저자 일동

차례

CHAPTER 3 전자섬유 제조를 위한 프린팅 재료

CHAPTER 4 스크린 프린팅을 활용한 전자섬유 제작

CHAPTER 5 스크린 프린팅을 활용한 전자섬유 제작 실습

CHAPTER

01

전자섬유(E-textile)

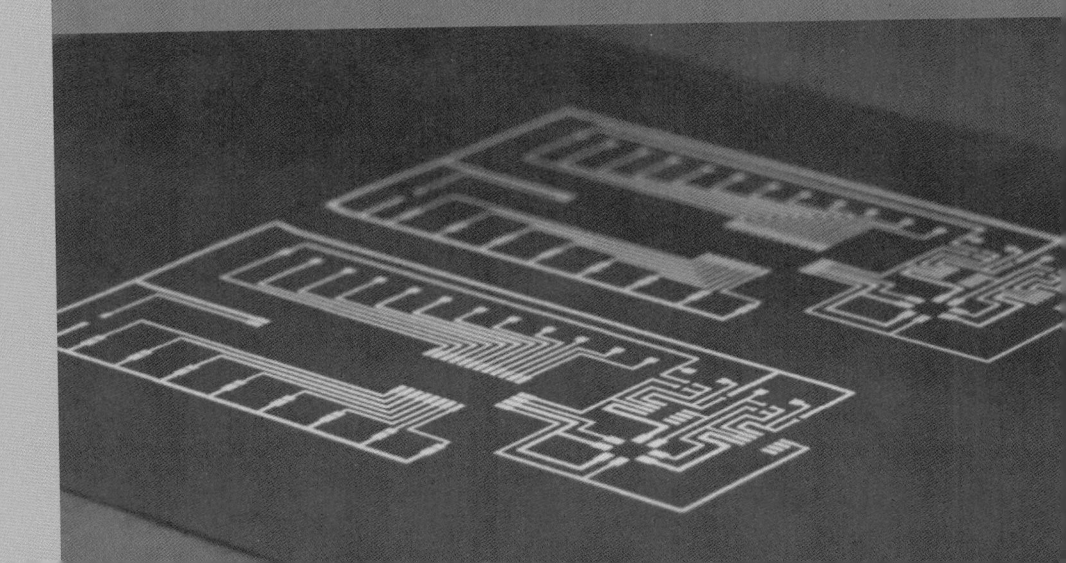

1.1 전자섬유의 개념 및 특성

E-textile이라고도 하는 전자섬유는 일반적인 섬유 제품에 전기적, 전자적인 특성을 결합시켜 새로운 기능을 발휘하는 신개념 섬유이다. 국제 표준기구인 ASTM에서 정의하는 전자섬유(conductive textile)는 스마트 섬유(smart textile)의 하나로 포함되어 있으며, 전기 또는 전자회로를 생성하기 위한 섬유나 원사, 직물 및 최종 섬유 제품을 가리킨다.

기존 전기적 특성을 갖는 금속이나 세라믹, 무기 소재 기반 필름들은 전도성은 우수하지만, 강직하고 딱딱하며 형태 변형이 어렵다는 한계가 있다. 반면 전자섬유는 상대적으로 전도성은 떨어지지만, 섬유가 가지는 본래의 특성인 신축성과 유연성을 그대로 유지하기 때문에 의류나 웨어러블 디바이스에 적용이 용이하다는 장점이 있다. 따라서 전자섬유는 의류와 같은 착용형 웨어러블 디바이스에서부터 스포츠 섬유 제품이나 인테리어 내장재, 자동차 용품 등의 비착용형 섬유 제품까지 다양한 분야에 활용된다. 특히 의류에 적용할 경우 착용성과 쾌적성 등의 소비자 요구를 충족할 수 있어 웨어러블 디바이스를 위한 차세대 부품 소재로 발전하며 시장을 확대시킬 것으로 기대된다. 이러한 전자섬유는 용도에 따라 전기적 특성을 구현하고 취합된 정보를 사용자에게 보여주기 위해 배터리, 센서, LED, 디스플레이 등의 소형 전자부품과 긴밀히 연결되기도 한다.

현재 전자섬유는 전기적 특성을 섬유에 통합하는 방법에 따라 여러 단계로 구분된다. Wu 등(2019)은 전자섬유의 발전단계를 4단계로 구분하였다. 이 단계에 따르면 1세대 전자섬유는 안테나 및 전자 장치 등의 딱딱한 부품들을 전도사를 이용하여 직물에 부착한 전자모듈로 정의된다. 이에 전자모듈의 부피가 크고, 유연성이 떨어지며, 외관상 전자 장치가 노출된다는 것이 특징이다. 2세대 전자섬유는 전도사가 편성 혹은 직조되어 섬유 구조 안으로 통합된 것이다. 이는 1세대에 비하여 눈에 띄는 결점이 없고, 착용 시 불편함이 없는 스마트 의류를 제작할 수 있다는 장점이 있지만, 의복 쾌적성이나 적응성은 떨어지는 수준이다. 3세대 전자섬유로 가면 전자 기술과 직물이 통합되어 의복 안으로 센서 및 전자 장치가 내장된다. 이 단계에서는 착용자와의 상호작용을 중점으로 전자섬유가 개발되어 착용 시 쾌적하고, 내구성이 있으며, 전기적인 성능에도 신뢰성이 확보된다. 마지막 4세대 전자섬유는 전자 기능이 섬유로 완전히 통합된 최첨단 기술로 진보된다. 부드럽고, 유연하며, 쾌적하고, 세탁이 가능하면서도 반복 사용에도 충분한 내구성을 갖는다. 또한 전원공급장치나 디스플레이 등도 모두 섬유로 통합되면서 완전한 일체형의 전자섬유 제품이 만들어진다. 그림 1-1은 전자섬유의 발전단계를 요약한 것이다.

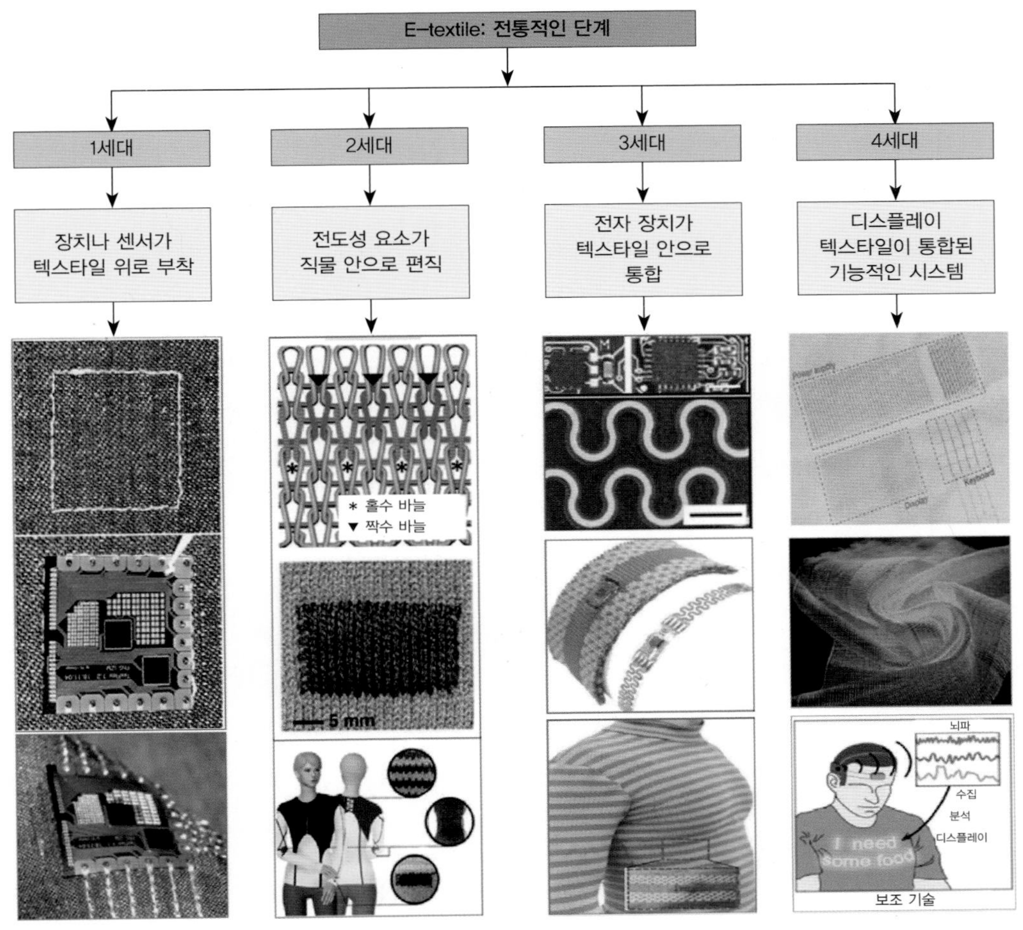

그림 1-1 전자섬유의 발전단계

(출처: Meena et al. (2023). Electronic textiles: New age of wearable technology for healthcare and fitness solutions. *Materials Today Bio*, 19, 100565.)

1.2 전자섬유의 제조방법

전자섬유로 전극이나 회로를 만드는 방법은 크게 직물 제조 단계와 직물 후처리 단계로 구분된다. 전자섬유에 적용되는 전도성 소재로는 전기 전도도가 높아서 전기를 전달하기에 용이한 은이나 구리 등의 금속이나 탄소 기반 물질 등이 잘 알려져 있다. 일반적으로 전도성 소재의 전기 전도도는 10^{6}~10^{-5} S/m 수준이다. ISO/TR 23383:2020에서는 전자섬유의 전도성이 10^{2} S/m 이상, 저항이 10^{4} Ω·cm 이하이면 전기 전도성이 우수한 것으로 간주한다. 전자섬유는 이러한 전기적 특성을 섬유소재에 통합시킴으로써 전력을 제공하거나 입력 및 출력 신호를 전달하는 기능을 한다.

전자섬유의 개발 초기에는 주로 전기 전도도가 높은 금속 소재를 사용하여 섬유를 만들었다. 그러나 이는 일반 섬유로 만든 실보다 무겁고 단단하며 가공성이 떨어진다는 문제가 있어 활용에 제약이 있었다. 그래서 이후에는 이러한 문제를 개선하여 일반 섬유에 금속을 증착시키거나 전도성 고분자를 결합하는 등의 방식이 개발되었다. 이처럼 실 형태의 전자섬유뿐만 아니라 실을 활용하여 만든 전자직물 또한 전자섬유의 일종이다. 전자직물은 보통 전도성 실을 사용하여 제직·편직하거나 일반 직물 위에 자수 및 코팅 등으로 전도성 소재를 결합함으로써 만들 수 있다.

전도사(conductive yarn)

금속이나 탄소 기반 물질과 같이 전도성 물질 자체를 실로 만들거나 기존 섬유 기반 원사를 전도성 소재로 가공하여 전도사를 제조할 수 있다. 이러한 전도사는 웨어러블 디바이스에서 전력을 제공하거나 전기적 신호를 전달하는 기능을 한다. 이는 기존의 전선이나 회로의 역할을 대체할 수 있으므로 최종 디바이스의 경량화 및 유연화에 기여할 수 있다.

현재 전도사를 제조하는 방법은 기존의 고분자 기반 원사에 금속을 직접 혼합하는 방식이다. 과거에는 금속 자체를 섬유와 같이 필라멘트화하여 사용하였으나, 신장 및 탄성이 부족하여 제품의 유연성이 떨어지고, 사용 중 부러지거나 손상되는 일이 많

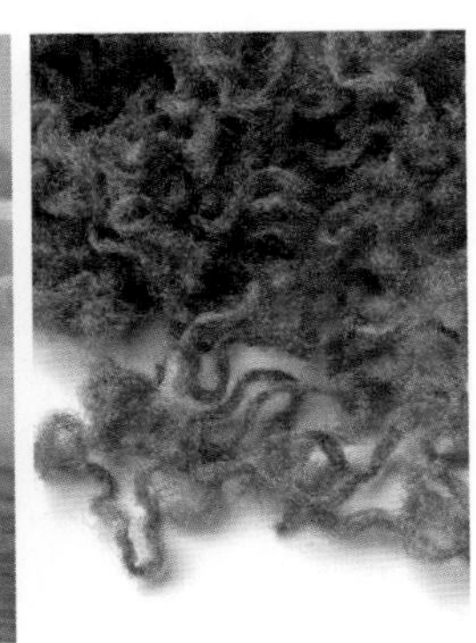

그림 1-2 금속 증착 전도사(Shieldex® yarn)
(출처: https://www.vtechtextiles.com/conductive-yarns-threads-fibers)

았다. 이러한 단점을 개선하기 위해서 금속과 고분자를 결합시킨 하이브리드 구조의 전도사가 개발되었다. 하이브리드 구조의 전도사는 중심사와 커버사로 구분하고 금속과 고분자를 혼합하여 하나의 실로 제조한 것이다. 특히 고분자 섬유 표면에 금속을 얇게 증착 또는 코팅한 전도사는 섬유가 가진 유연성과 금속의 전도성을 모두 확보할 수 있어 상용화가 가장 많이 이루어졌다. 이러한 금속 증착 전도사는 나일론, 폴리에스터, 면, 견, 폴리프로필렌 등의 고분자 섬유를 심사로 하고, 구리, 니켈, 알루미늄, 금, 은 등의 금속을 증착시켜 구현한다. 이 중 나일론 기반 은 증착사는 기술적으로 성숙도가 높으며, 완제품의 성능 또한 안정적이어서 가장 많이 활용되고 있다. 다만 표면 금속층의 산화에 따른 색상 변화나 마모, 박리 등의 문제는 여전히 해결해야 할 과제로 남아 있다.

그래핀, 카본 블랙, 탄소섬유와 같은 탄소 기반 물질 또한 전도성이 우수하여 전도사로 사용된다. 파우더 형태의 탄소 재료는 용매로 분산시켜 전기방사하거나 기존 섬유 표면에 증착함으로써 섬유화하며, 탄소섬유는 고분자섬유 자체를 탄화시켜 섬유로 만든다. 이러한 탄소 기반 섬유는 전도성이 우수하면서도 자체적으로 강도와 내구성이 높아 고강도 슈퍼소재로도 활용된다. 다만 전도성만을 비교했을 경우 탄소 기반 소재가 금속보다는 전도성이 낮기 때문에 전자섬유로서 회로보다는 섬유형 센서나 전기발열체 등의 목적으로 주로 사용된다.

그림 1-3 탄소 기반 전도사(Sigraflex® carbon and graphite yarn)
(출처: https://www.sglcarbon.com)

전도성 직물(conductive fabric)

텍스타일형 전자섬유는 전도사를 사용하거나 고분자 섬유로 만들어진 원단 표면에 전도성 물질을 도입시킨 형태로, 기재가 되는 원단으로는 직물, 편성물, 부직포 등이 사용된다. 이러한 전도성 직물은 전도사에 비하여 제조방법이 간단하고, 넓은 범위에서 전기적 신호 전달 및 기능 구현이 가능하며, 의류 및 제품 형태로 응용할 수 있는 가능성이 크다. 일반적으로 텍스타일형 전자섬유를 만드는 방법은 그림 1-4와 같다.

전도사를 사용하여 원단을 만들 경우, 전도사 또는 일반 섬유사를 함께 사용하여 직물이나 편성물을 제조한다. 직물의 경우 일반적으로 위사 방향으로 전도사를 삽입하거나 자카드 기술을 이용하여 무늬를 넣듯 전도사를 삽입한다. 편성물은 설계를 응용하여 횡편성물을 만들거나 무늬편을 제조할 수 있으며, 홀가먼트(whole-garment) 기계와 같은 일부 편성기계에서는 성형도 가능하다. 이렇게 전도사를 이용하는 방식은 설계 단계에서 전도사의 삽입량이나 위치, 전자부품과의 연결방법 등이 계산되어야 하므로 철저한 준비단계를 필요로 하지만, 직물 내에 전자회로나 센서를 삽입하는 것이므로 내구성이 우수하고 안정적으로 전도성을 구현할 수 있다.

이미 만들어진 원단 위에 전도성 물질을 접목시켜서 전도성 직물을 제작하기도 한다. 전도사를 이용하여 자수기법으로 무늬를 넣듯 직물 위에 회로를 꿰매면 전기적 특성이 구현되는 동시에 장식적 효과도 우수한 전자섬유를 만들 수 있다. 자수를 이용하는 방식은 기재가 되는 직물과 전도사가 물리적으로 결합한 형태이므로 회로 도입으로 인한 형태 변형이 적고, 드레이프성이나 통기성 등 기존 직물이 가지는 성질을 유지할 수 있다. 다만 자수 부위가 노출되어 마찰이나 오염 물질과의 접촉 등에 취약하므로 전자섬유 제품의 사용 환경 및 자수가 적용되는 부위에 대한 탐색이 필요하다.

가장 간단하면서도 쉽게 전도성 직물을 구현하는 방법 중의 하나는 전도성 고분자나 잉크, 또는 금속 합성물 등의 전도성 소재를 이용하여 직물 표면에 코팅이나 프린

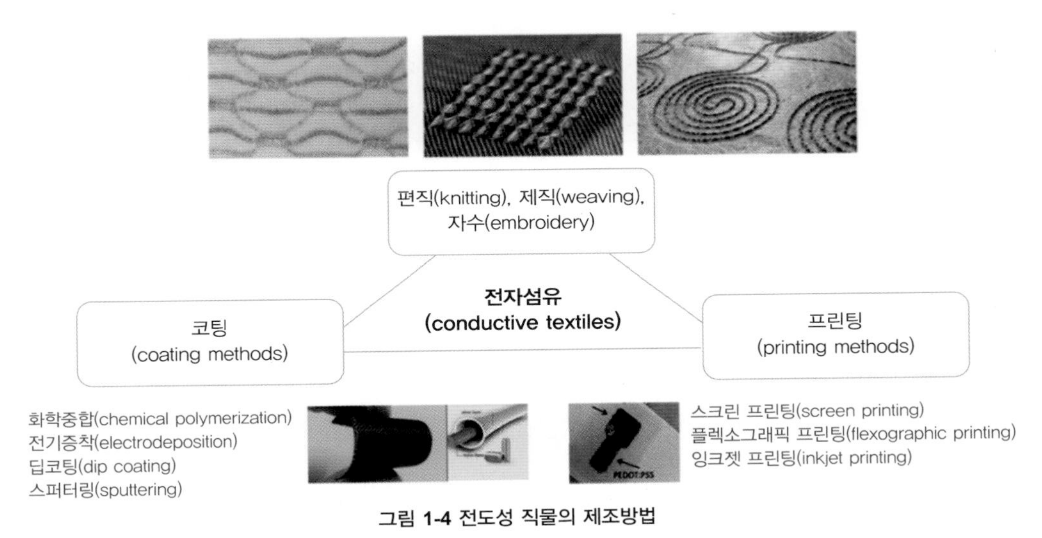

그림 1-4 전도성 직물의 제조방법

(출처: Angelucci et al. (2021). Smart textiles and sensorized garments for physiological monitoring: A review of available solutions and techniques. *Sensors*, 21(3), 814.)

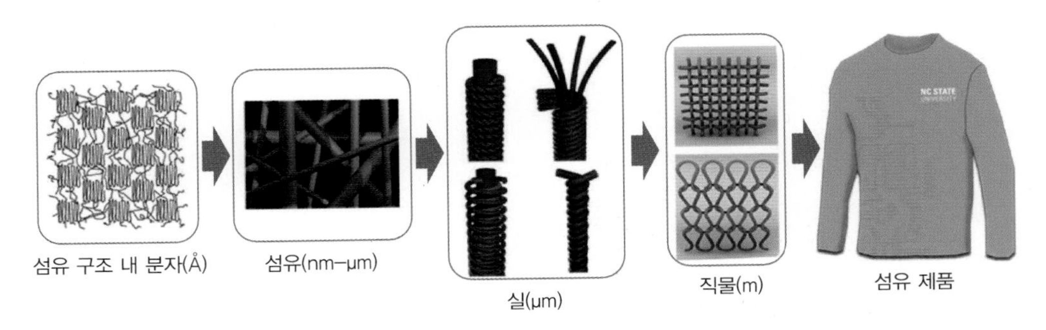

그림 1-5 전도사를 활용한 전도성 직물 및 제품 제조 공정

(출처: Chatterjee et al. (2019). Electrically conductive coatings for fiber-based e-textiles. *Fibers*, 7(6), 51.)

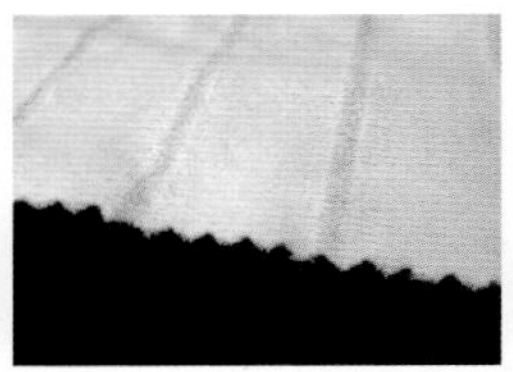

그림 1-6 은 코팅 전도사를 활용한 전도성 직물

(출처: http://www.kitt.kr/conductive-fabrics.html)

그림 1-7 자수기법을 활용한 전자섬유 및 제품

(출처: Aigner et al. (2020). Embroidered resistive pressure sensors: A novel approach for textile interfaces. *In Proceedings of the 2020 CHI Conference on Human Factors in Computing Systems*, 1–13.)

팅을 하는 것이다. 이는 직물 위에 전도성 물질을 물리적 또는 화학적으로 결합시켜서 일종의 전도성 레이어를 형성시키는 것으로, 전도성 물질이 갖는 고유의 전기적 특성을 그대로 살릴 수 있다는 것이 장점이다. 또한 전도성 레이어를 구성함에 있어 다양한 디자인을 적용할 수 있고, 레이어의 두께나 전도성 소재를 다양하게 선택함으로써 전도성을 조절할 수 있다. 그러나 기존 직물 위에 형성된 전도성 레이어로 인하여 유연성이나 신축성, 통기성, 투습성 등의 특성이 저하될 수 있으므로 전자섬유가 적용되는 제품의 최종 용도를 고려해야 한다. 또한 전도성 물질과 직물 사이의 결합력이 내구성에 큰 영향을 미치며, 마찰이나 세탁, 화학 물질과의 접촉 등으로 전도성 레이어가 박리되면 전자섬유 자체의 기능이 상실될 수 있다는 것에 유의해야 한다.

텍스타일형 전자섬유를 개발할 때에는 사용하고자 하는 전도성 물질이 갖는 고유의 특성뿐만 아니라 기재 섬유와의 결합성, 사용 환경에서의 물리적·화학적인 안정성, 세탁 및 마찰 등으로부터의 내구성 등을 고려하여 재료 및 공정을 선택해야 한다.

예를 들어 전도사의 탄성이나 강신도, 굵기 등과 같은 물리적인 특성이 직물 제조장비에 적용될 수 있는지 확인해야 하며, 프린팅을 위한 전도성 잉크는 열경화 온도나 스트레치성이 기재가 되는 직물에 적합한지를 고려해야 한다. 또한 최종 제품의 용도에 따라 다양한 표면 구조와 물리적·전기적 특성을 조절함으로써 전자섬유로서의 기능뿐만 아니라 본래 제품이 가지는 용도를 충분히 발휘할 수 있어야 한다.

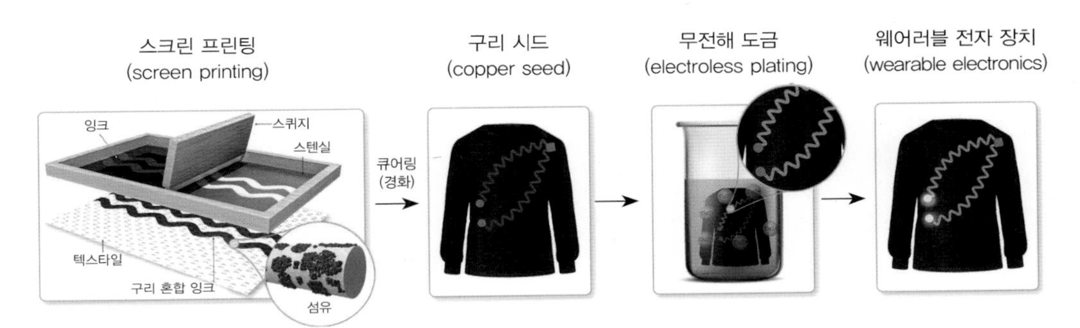

그림 1-8 스크린 프린팅 기술을 활용한 전자섬유 제품의 제조 공정

(출처: Farraj et al. (2023). E-textile by printing an all-through penetrating copper complex ink. *ACS Applied Materials & Interfaces*, 15(17), 21651-21658.)

그림 1-9 은 전도성 잉크를 활용한 프린팅 전자섬유

(출처: https://www.saralon.com)

CHAPTER

02

전자섬유와 프린팅

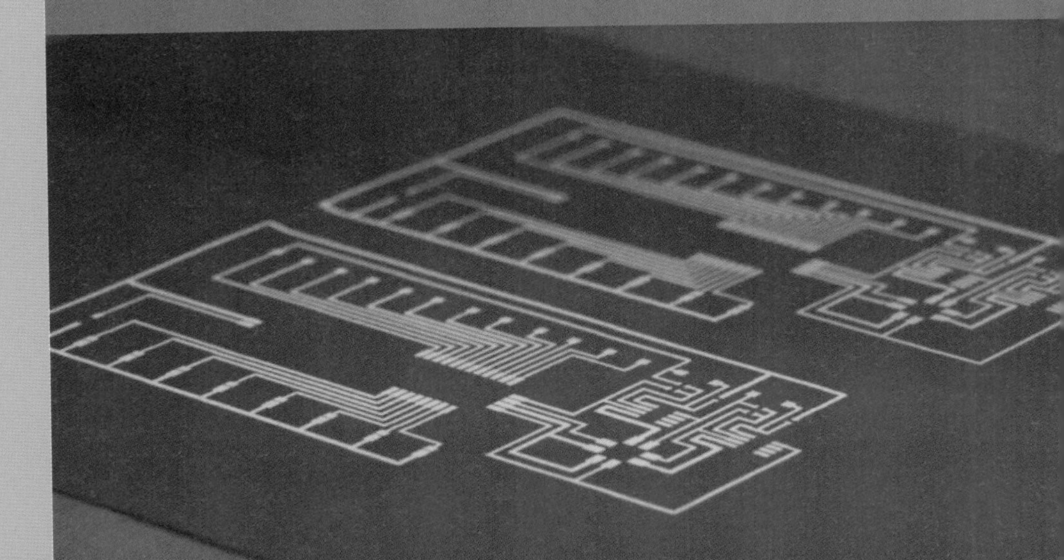

2.1 프린팅 기술의 개념

필름이나 직물, 플라스틱 등의 기재 위에 프린팅 기술을 활용하여 전자부품을 제조하는 기술은 전통적인 제조 공정과는 달리 저비용, 고효율의 대량 생산이 가능하다. 특히 프린팅 기술은 다양한 기능성 물질 및 나노 입자를 활용하여 기존 기재 위에 초박막 레이어를 구현하는 데 용이하고, 정교함과 우수한 가공성 및 유연성으로 기존 방식에서 불가능했던 새로운 차원의 전자부품을 제조할 수 있게 한다. 이에 프린팅 기술은 대면적 광고판, 스마트 카드, RFID 태그, 일회용 디스플레이 등 다양한 분야에서 폭넓게 활용되고 있다.

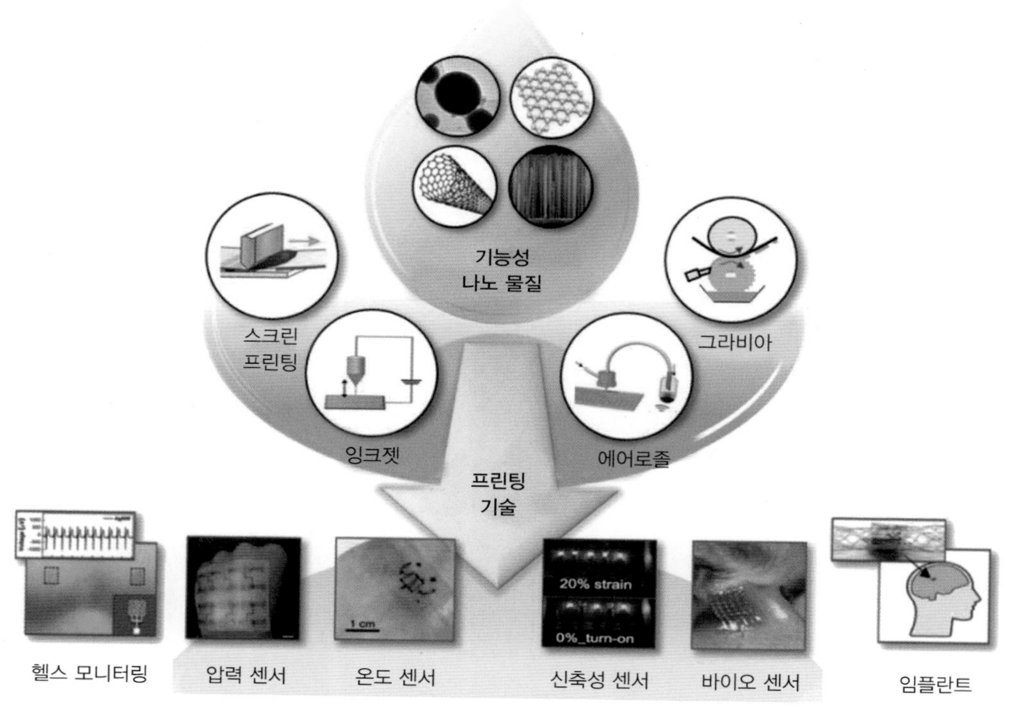

그림 2-1 전자제품 제조를 위한 프린팅 기술 및 응용 분야

(출처: Park et al. (2020). Advanced nanomaterials, printing processes, and applications for flexible hybrid electronics. *Materials*, 13(16), 3587.)

프린팅 기술의 핵심은 여러 특성의 염료 및 잉크 재료를 활용해 다양한 기재 위에 직접 패터닝을 하거나 2차원의 평면 필름을 제작할 수 있다는 것이다. 이때 프린팅을 위한 기재는 종이, 플라스틱, 필름, 유리, 금속, 텍스타일 등으로 다양하게 활용이 가능하다. 프린팅 기술은 기재 위에 염료나 잉크가 새로운 층을 형성하는 것이므로 적층 제조 공정(additive manufacturing process)이라고도 한다. 따라서 프린팅 기술을 응용하여 서로 다른 특성을 지닌 재료를 층층이 쌓아 올려 멀티 레이어 구조의 부품도 제작할 수 있다. 이는 복잡한 기능을 갖춘 전자제품을 제조하는 데 매우 유용하며, 제조 과정에서 불필요한 재료 낭비를 최소화할 수 있어 경제적이고 환경친화적이다.

프린팅 기술을 활용한 전자제품 제조 공정의 또 다른 장점은 저렴한 비용으로 신속하게 대면적, 대량 생산이 가능하다는 것이다. 이로 인해 프린팅 제조 기술은 특히 유연한 전자제품 개발과 생산에 최적화된 기술로 평가받고 있다. 또한 폐수나 유해가스와 같이 제조 과정 중 발생하는 부산물이 없기 때문에 환경적 측면에서도 긍정적이다.

또한 프린팅 기술은 전자제품 제조 외에도 텍스타일 산업에서 중요한 역할을 한다. 텍스타일 프린팅 기술, 일명 날염(捺染)은 직물에 직접 다양한 무늬와 색상을 표현하기 위한 공정이다. 날염은 실을 염색하지 않고, 직물 표면에 안료를 발라 원하는 무늬를 표현하는 방식으로, 다양한 텍스타일 패턴 디자인에 적용된다.

텍스타일 프린팅은 크게 직접날염(direct print), 방염날염(resist print), 발염날염(discharge print), 전사날염(transfer print) 등으로 나눌 수 있다. 직접날염은 직물의 표면에 직접 색이 있는 안료를 도포하여 무늬를 표현하는 가장 기본적인 방식이다. 방염날염은 미리 방염제를 무늬 형태로 직물에 바르고 그 후에 염색을 하여 방염제가

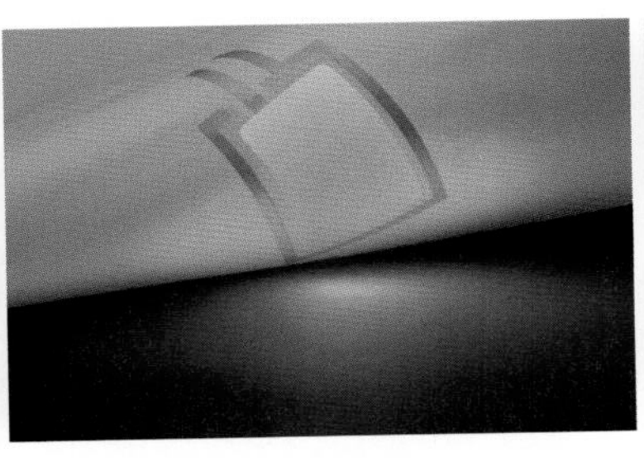

그림 2-2 프린팅 기술을 활용한 전자제품

(출처: https://www.binder-connector.com/uk/customer-specific-solutions/technologies/printed-electronics)

도포된 부분만 염색되지 않도록 함으로써 무늬를 표현한다. 반대로 발염날염은 직물 전체를 염색한 후, 특정 부분에 발염제를 발라 염색을 제거함으로써 무늬를 만드는 기술이다. 전사날염은 전사종이에 인쇄된 고체 염료가 열과 압력을 통해 기체 상태로 승화되면서 직물에 침투하여 무늬가 만들어지는 기술이다. 이는 분산 염료의 승화성을 이용하여 폴리에스터 직물에 날염하는 기술로 주로 활용된다.

텍스타일 프린팅 기술은 정보기술(IT), 생명공학기술(BT), 나노기술(NT), 환경기술(ET) 등의 첨단 기술과 결합되어 미래 산업에서 큰 잠재력을 지닌 기술로 평가받고 있다. 특히 소재의 제한성을 극복하고 산업용 섬유소재, 가죽, 비닐 등 다양한 재료를 기재로 사용할 수 있는 디지털 텍스타일 프린팅 기술이 주목받고 있으며, 다양한 산업에서 그 응용이 확대되고 있다.

디지털 텍스타일 프린팅은 디자인 프로그램을 통해서 만들어진 패턴 파일을 활용하여 종이에 인쇄하듯 여러 색의 잉크 카트리지를 조합하여 직물 위에 바로 프린팅하는 날염 기술이다. 다른 날염 방식은 균일하고 품질 좋은 인쇄를 위해 별도의 스크린이나 화학 재료를 사용하는 데 비해, 디지털 텍스타일 프린팅 기술은 추가 재료나 전처리 공정 없이도 직물 위에 복잡하고 화려한 패턴의 디자인을 직접 구현할 수 있다는 장점이 있다. 연구와 기술의 성숙도가 높아지면서 활용할 수 있는 기재 직물의 범위도 더 넓어지고, 환경친화적이며, 맞춤형 의류생산 시스템으로의 도입도 용이하므로 향후 디지털 텍스타일 프린팅 기술의 활용성은 더 증가할 것으로 기대된다.

2.2 프린팅 기술의 종류 및 특성

프린팅 기술은 마스터(master), 즉 인쇄판의 사용 여부에 따라 크게 접촉식(impact)과 비접촉식(non-impact)으로 나눌 수 있다. 접촉식 프린팅 기술은 물리적으로 마스터를 통해 기재에 접촉하여 인쇄하는 방식이며, 비접촉식 프린팅 기술은 마스터 없이 잉크를 직접 기재에 전달하는 방식이다. 접촉식 프린팅에는 연필 프린팅(penciling),

그라비어 프린팅(gravure printing), 옵셋 프린팅(offset printing), 플렉소그래피(flexography), 스크린 프린팅(screen printing), 패드 프린팅(pad printing)이 있으며, 비접촉식 프린팅에는 잉크젯 프린팅(inkjet printing), 스프레이 프린팅(spray printing), 에어로졸 프린팅(aerosol printing), 압출 기반 프린팅(extrusion based printing) 등이 있다.

프린팅 기술을 선택할 때에는 사용하고자 하는 잉크의 물리적 특성(점도, 밀도, 표면장력, 용해도 및 경화도)과 프린팅 대상인 기재의 젖음성 및 투과성을 고려해야 한다. 특히 전자섬유 제조에 사용되는 전도성 잉크의 특성에 따라 적합한 프린팅 기술이 달라지며, 이러한 기술은 전자섬유의 성능과 기능에 직접적인 영향을 미친다.

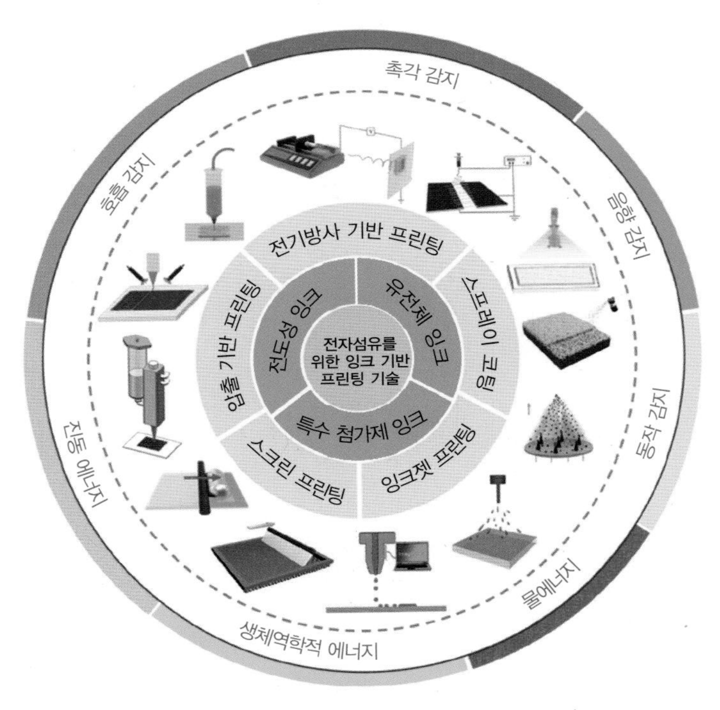

그림 2-3 전자섬유를 위한 프린팅 기술

(출처: Wang et al. (2022). Recent advances on ink-based printing techniques for triboelectric nanogenerators: Printable inks, printing technologies and applications. *Nano Energy*, 101, 107585.)

스프레이 코팅(spray coating)

스프레이 코팅 기술은 다양한 산업에서 널리 사용되는 표면 프린팅 기술로, 전도성 잉크를 기재에 도포하는 데 적합하다. 이 기술은 약 0.1~100 cp 수준의 점도가 낮은 잉크를 압축 공기를 이용하여 노즐을 통해 분사함으로써 기재에 micro-bead 형태로 부착시키는 방식이다.

기판에 부착된 잉크는 액적을 형성하며 중첩되면서 기재 표면에 얇은 필름을 형성한다. 스프레이 코팅 시 만들어지는 필름의 두께는 시간 및 분사 압력에 비례하므로

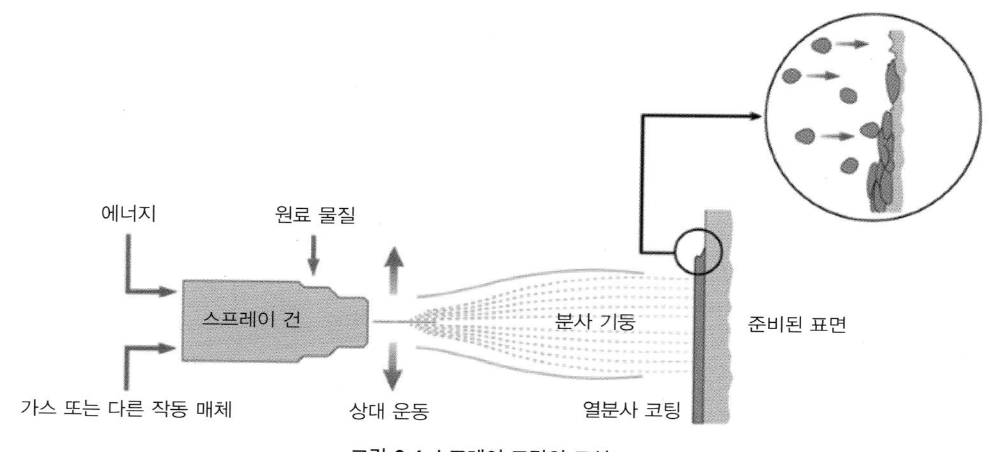

그림 2-4 스프레이 코팅의 모식도

(출처: Gonzalez et al. (2016). A review of thermal spray metallization of polymer–based structures. *Journal of Thermal Spray Technology*, 25, 897–919.)

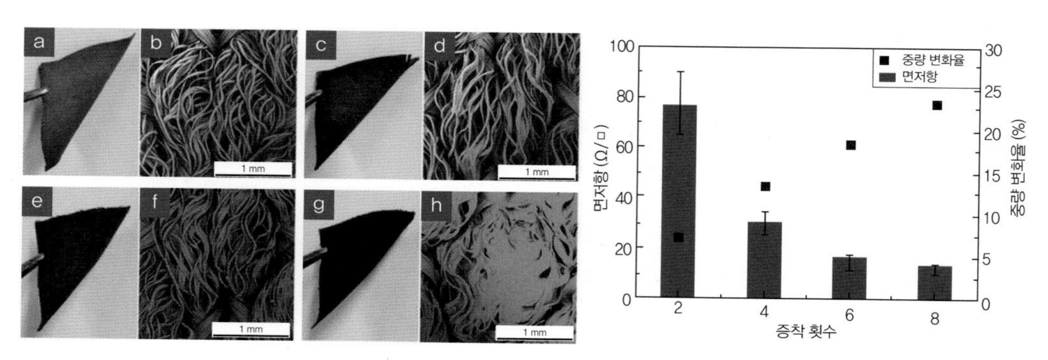

그림 2-5 코팅 횟수에 따른 면저항의 변화

(출처: Ojstršek et al. (2021). Metallisation of textiles and protection of conductive layers: an overview of application techniques. *Sensors*, 21, 3508.)

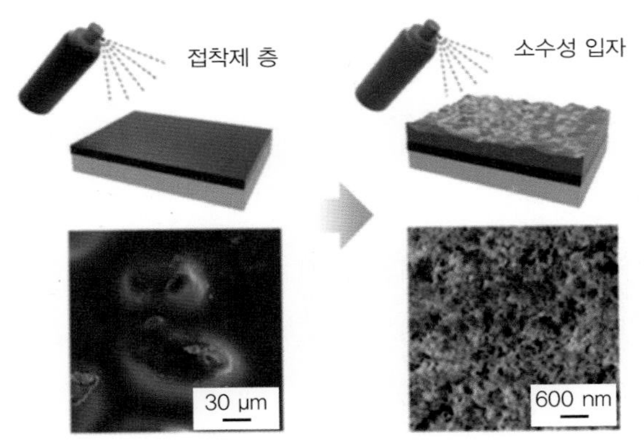

그림 2-6 불균일한 스프레이 코팅의 예

(출처: Li et al. (2022). Recent advances on ink-based printing techniques for triboelectric nanogenerators: Printable inks, printing technologies and applications, *Nano Energy*, 101, 107585.)

일반적으로 multiple cycle로 코팅을 진행함으로써 목표로 하는 필름 두께를 만들어 낸다.

스프레이 코팅 방식은 간단하고 저렴하게 직물 표면에 프린팅할 수 있는 기술이지만, 기판으로 분사되는 액적이 특정 위치에만 중첩되므로 필름의 두께가 불균일하게 형성되고, 반복성과 정밀도가 떨어진다는 단점이 있다. 또한 노즐과 기재 사이의 거리에 따라 분무되는 액적이 기재가 아닌 공기 중이나 다른 표면으로 튀어 오염될 수 있으므로 프린팅 환경을 적절하게 제어해야 한다. 만약 프린트하는 형태가 패턴화되어 있는 경우, 이를 위해 별도의 마스터를 제작해야 하며, 프린트 과정에서 불필요한 잉크가 낭비될 수 있다는 한계가 있다.

잉크젯 프린팅(inkjet printing)

잉크젯 프린팅은 종이를 활용한 인쇄 분야에서 흔히 사용되는 기술이다. 이 기술은 전자섬유 분야에서도 적극 활용되는데, 주로 기재 표면에 섬세한 회로를 형성하기 위해 사용한다. 잉크젯 프린팅 기술은 노즐을 통해 미세한 잉크 방울을 기재 표면에 정확히 토출함으로써 다양한 패턴을 형성하며, 종이나 필름 등 활용 가능한 기재의 범위가 넓고, 경제적이며, 환경친화적인 인쇄가 가능하다.

잉크젯 프린팅의 가장 큰 장점은 대량 생산과 상업화가 가능하다는 것이다. 잉크젯

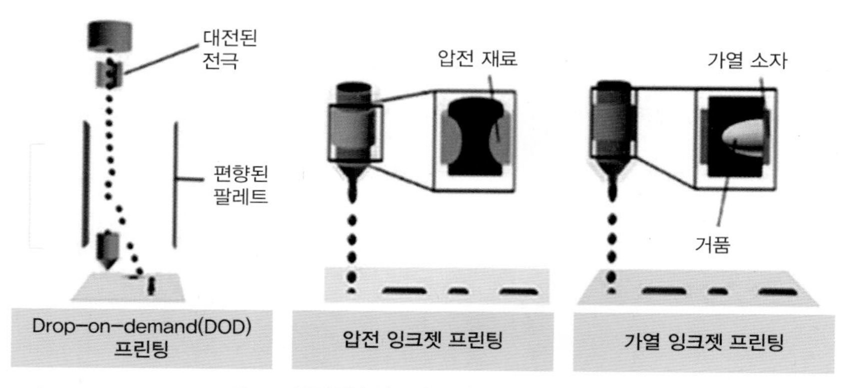

그림 2-7 전형적인 잉크젯 프린팅 프로세스의 종류

(출처: Sun et al. (2022). Fabrication of flexible conductive structures by printing techniques and printable conductive materials. *Journal of Materials Chemistry C*, 10, 9441.)

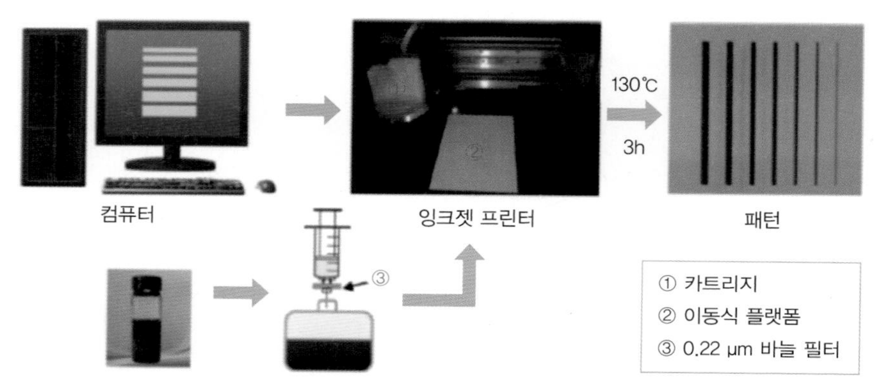

그림 2-8 잉크젯 프린팅을 활용한 전도성 회로 구현 도식

(출처: Boumegnane et al. (2022). Formulation of conductive inks printable on textiles for electronic applications: A review. *Textile Progress*, 54(2), 103–200.)

프린팅은 패턴 형성 과정에서 별도의 마스터 제작이 필요 없으며, 잉크가 특정 위치에만 인쇄되므로 자원을 효율적으로 사용할 수 있다. 또한 비접촉 방식이므로 노즐 오염이나 프린팅 재료의 불량 문제도 상대적으로 적다.

잉크젯 프린팅에 활용되는 전도성 잉크로 CNT, PEDOT:PSS, 은 나노 입자 등이 전도성 필러(feedstock)로 사용되며, 용매 내에서 이들의 용해성과 분산성이 프린팅 성능에 중요한 역할을 한다. 다만, 노즐이 잉크의 점도나 입자 특성에 민감하므로 반드시 적절한 잉크를 선정해야 한다.

압출 기반 프린팅(extrusion based printing)

압출 기반 프린팅은 높은 점도의 잉크를 노즐을 통해 직접 압출하여 인쇄하는 방식이다. 주사기 형태의 실린지와 직경 0.05~2 mm의 노즐로 구성된 플랫폼을 사용하여 점도가 높은 잉크를 압출함으로써 2D 또는 3D 형태의 패턴을 형성한다.

압출 기반 프린팅에 사용되는 잉크는 일반적으로 비뉴턴성 유체(non-newtonian)의 특성을 가진다. 비뉴턴성 유체란 외부에서 가하는 힘의 크기나 시간에 따른 점도의 변화가 뉴턴의 점성법칙을 따르지 않는 물질로, 대부분의 유체가 이에 해당한다. 따라서 잉크의 점도가 너무 낮으면 압출 시 필라멘트를 형성하기 어려우므로, 첨가제를 통해 점도를 조절함으로써 전단희석(shear thinning) 특성을 향상시킨다.

잉크를 노즐로 압출시키기 위하여 압축된 공기나 피스톤, 스크류 등의 물리적 방식을 활용한다. 압축 공기를 사용하는 경우에는 압출 시 펌프의 압력을 적절하게 조절해야만 잉크 내 공기 방울 형성을 예방하고, 프린트 해상도를 높일 수 있다.

압출 기반의 직접 프린팅 방식은 복잡한 2D 디자인이나 3D 형태의 패턴 구현이 가능하므로 프린팅 기술을 넘어 3차원적인 재료 제작에 사용되기도 한다. 또한 노즐을 동축노즐(coaxial nozzle)이나 다중노즐(multi nozzle)로 형태를 변형시킴으로써 특성이 다른 이종의 잉크로 회로를 구현하거나 센서 등의 부품 소재를 개발하는 것도 가능하다.

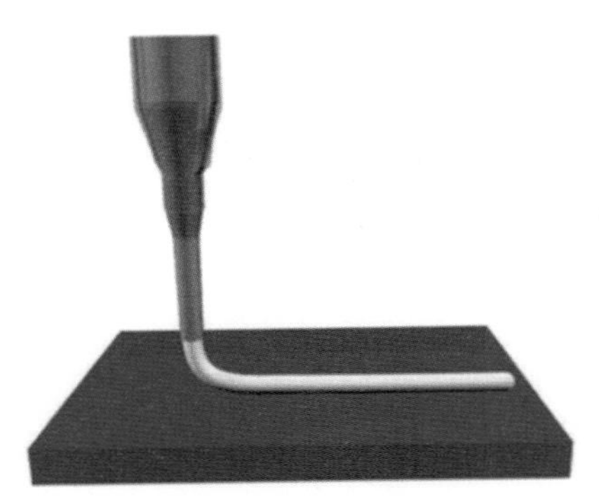

그림 2-9 압출 기반 프린터

(출처: Sun et al. (2022). Fabrication of flexible conductive structures by printing techniques and printable conductive materials. *Journal of Materials Chemistry C*, 10, 9441.)

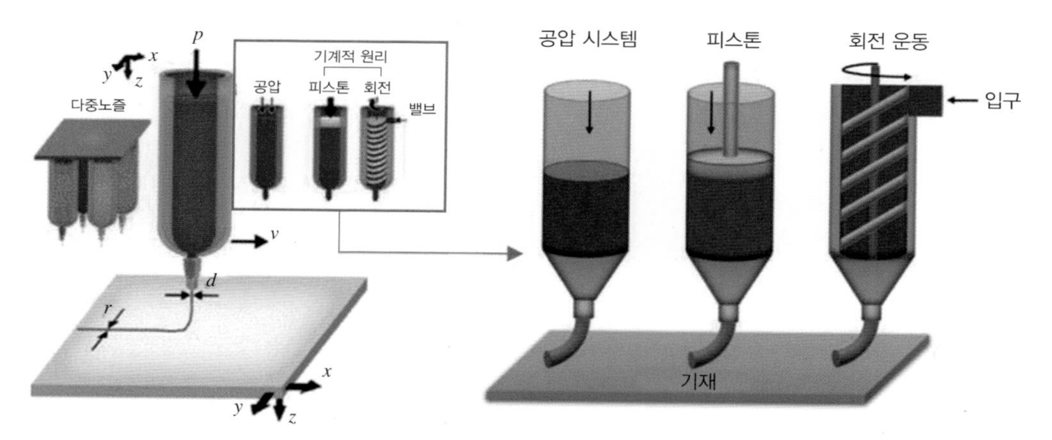

그림 2-10 압출 기반 프린팅의 노즐 형태

(출처: Yoon et al. (2019). 3D printing of self-wiring conductive ink with high stretchability and stackability for customized wearable devices. *Advanced Materials Technologies*, 4, 1900363.)

전기방사 기반 프린팅(electro-spinning based printing)

전기방사 기반 프린팅 기술을 활용한 나노섬유 제작 원리는 다음과 같다. 먼저 노즐과 컬렉터 사이에 고전압을 인가하면 점성이 있는 고분자 용액이 대전되면서 쿨롱 반발력(coulombic repulsion)이 발생한다. 이로 인해 용액 표면에서 전구체 액적이 형성되고, 이 액적은 지속적으로 전계(電界)에 의해 가속된다. 만약 이 과정 중에 유체 내에서 충분한 분자 엉킴(entanglement)이 이루어지면, 대전된 고분자 용액이 젯(jet) 형태로 방출되며 섬유가 형성된다. 방출된 섬유는 컬렉터에 의해 수집되며, 이를 통해 부직포 형태의 나노섬유가 제작된다.

전기방사 기반 프린팅 기술은 이러한 공정을 통해 다공성 구조를 가진 레이어를 형성할 수 있다는 장점이 있다. 그러나 기존의 프린팅 기술과는 달리, 전기방사 방법은 무질서하고 거친 표면을 형성하기 때문에 구조 내 공극의 공간적 분포를 정확하게 관리하기 어렵다. 또한 전기방사로 제작된 나노섬유는 대부분 미세한 크기를 가지므로, 증착 영역이 매우 작아서 3D 적층이나 복잡한 형상의 인쇄에는 적합하지 않다. 그리고 전기방사를 위해서는 공정에 적합한 잉크를 별도로 준비해야 한다는 번거로움이 있으며, 무엇보다 1 kV 이상의 고전압에서 작업이 진행되기 때문에 잠재적인 위험이 따른다. 이러한 한계를 극복하기 위해 최근에는 마찰전기층을 활용하여 직선상의 나노섬유를 제조하거나, 컬렉터의 모양을 변형시켜 섬유의 배향을 제어하는 방식이 제안되고 있다.

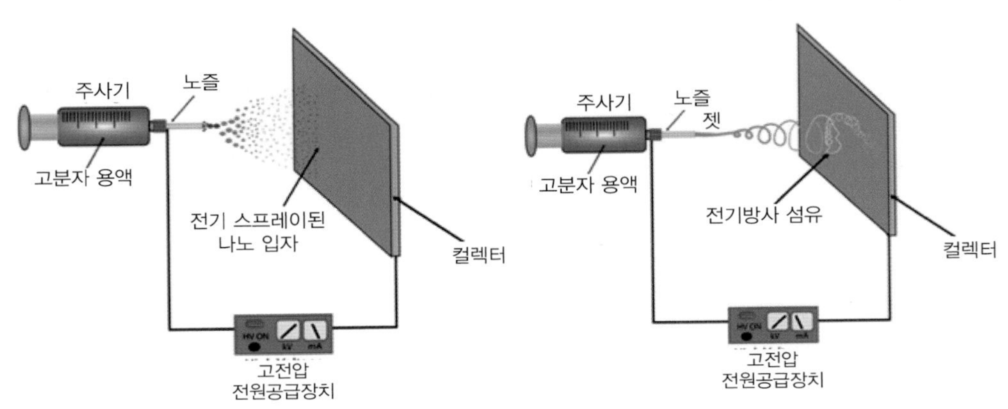

그림 2-11 전기방사 기반 프린팅 공정의 모식도

(출처: Li et al. (2022). Recent advances on ink–based printing techniques for triboelectric nanogenerators: Printable inks, printing technologies and applications. *Nano Energy*, 101, 107585.)

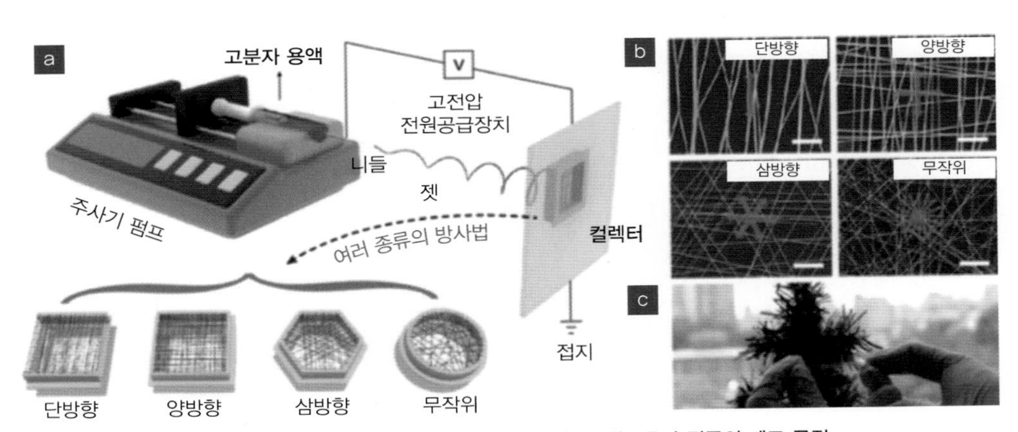

그림 2-12 은 나노섬유를 활용한 패턴화된 신축성 있는 투명 전극의 제조 공정

(출처: Li et al. (2022). Recent advances on ink–based printing techniques for triboelectric nanogenerators: printable inks, printing technologies, and applications. *Nano Energy*, 101, 107585.)

2.3 스크린 프린팅

스크린 프린팅(screen printing)은 잉크와 마스터를 이용하여 기판에 패턴을 나타내는 인쇄방식 중의 하나이다. 스크린 프린팅 기술은 스텐실(stencil) 기법으로부터 유래되었다. 스텐실 기법은 오려낸 모양이나 속이 빈 부분을 칠해 기호나 문자를 재현하던 기술로, 기원전 30,000년~9,000년 사이 개발되었다고 알려졌다. 이후 중국 송나라에서 속을 비우지 않고 실크 직물로 스크린을 만들어 인쇄한 '실크 스크린(silk screen)'으로 발전시켜 아시아와 서양으로 전파하였으나, 당시 실크가 귀하여 성행하지는 못하였다. 지금과 같은 스크린 프린팅 기술은 영국의 발명가 Samuel Simon(사무엘 시몬)이 접착제로 스크린을 만들고, 스퀴지 대시 붓을 사용하면서 완성되었다. 그리고 20세기 이후 팝아트나 전자기기 배선판 등에 스크린 프린팅 기술이 적용되면서 대량생산 및 상업적인 활용이 시작되었다.

스크린 프린팅에서는 나일론, 폴리에스터, 스테인리스 스틸과 같은 재료로 마스터를 제작하고, 그 위에 잉크를 떨어뜨려 롤러나 넓은 판을 이용하여 눌러주면 마스터의 패터닝된 부분에만 잉크가 통과하면서 인쇄가 진행된다.

Messerschmitt(메서슈미트)는 스크린 프린팅을 3단계 메커니즘으로 제시하였고, 이

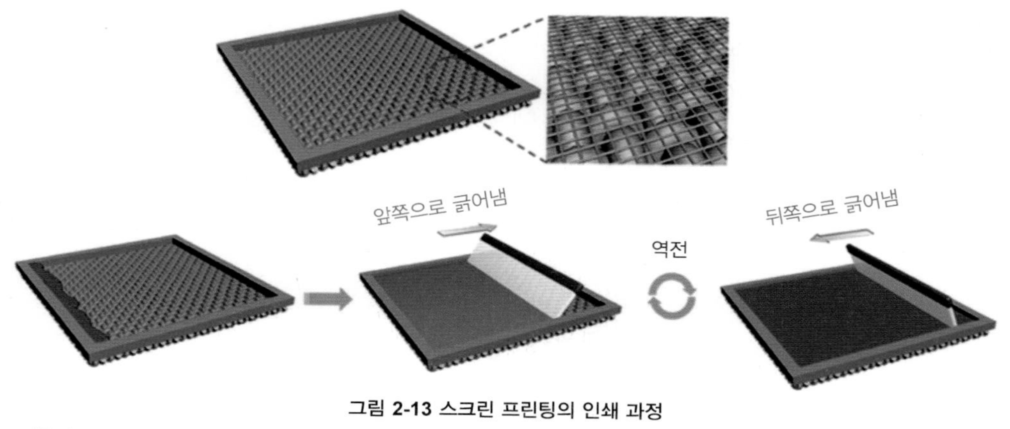

그림 2-13 스크린 프린팅의 인쇄 과정

(출처: Li et al. (2022). Recent advances on ink-based printing techniques for triboelectric nanogenerators: printable inks, printing technologies, and applications. *Nano Energy*, 101, 107585.)

는 2013년에 실험으로 증명되었다. 그림 2-14 B의 (a)~(b)와 같이 먼저 과량의 잉크를 스크린에 붓고, 스퀴지를 이용하여 압력을 가하면 기재와 스크린이 서로 접촉하면서 빈 구멍에 잉크가 채워진다. 그 이후는 (c)와 같이 잉크가 기재 및 스크린과 동시에 접촉하고, 스크린 메쉬가 수직으로 신축하면서 잉크가 늘어난다. 늘어난 잉크는 기재의 필라멘트 구조로 흘러 들어가면서 기재와 스크린의 양 표면으로 분리된다. 이러한 메커니즘으로 인하여 사용하는 잉크의 점탄성이 스크린 프린팅의 품질에 영향을 주는 것으로 밝혀졌다.

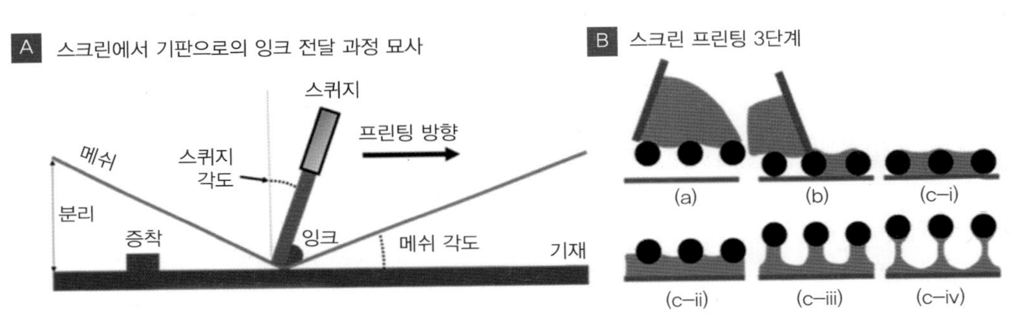

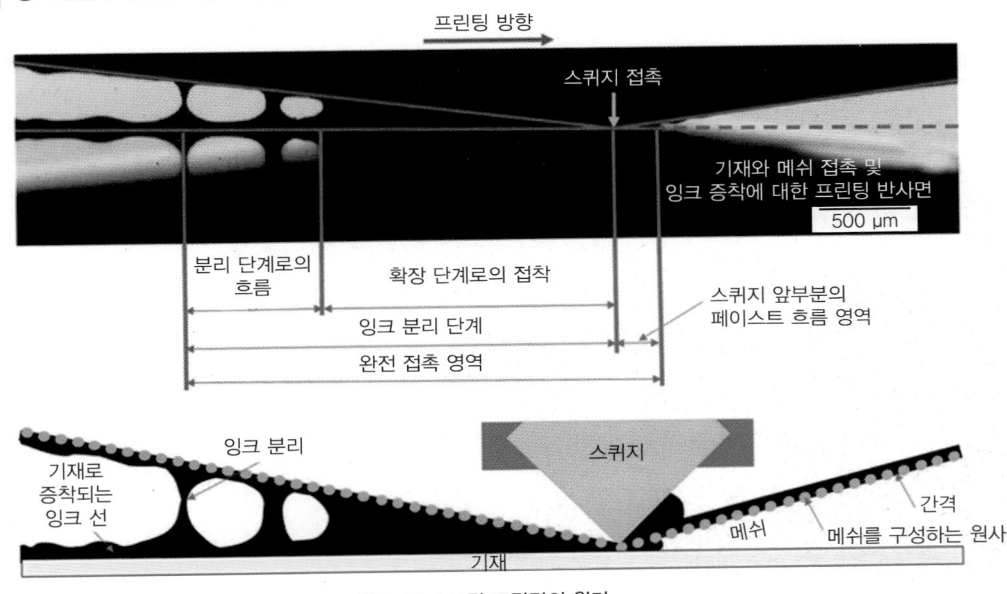

그림 2-14 스크린 프린팅의 원리

(출처: Zavanelli & Yeo. (2021). Advances in screen printing of conductive nanomaterials for stretchable electronics. *ACS Omega*, 6, 9344–9351.)

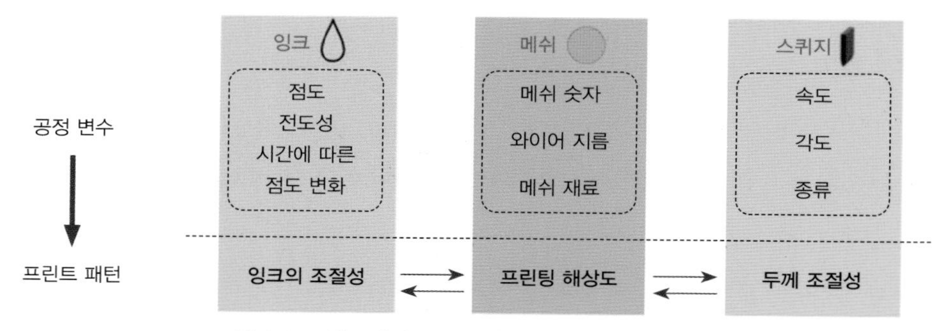

그림 2-15 프린트 패턴 품질에 영향을 미치는 공정 요소

스크린 프린팅의 장점은 매우 간단한 방법으로 텍스타일 표면에 패턴을 적용할 수 있어 생산성이 우수하다는 것이다. 스크린 프린팅은 한 번에 많은 양의 전도성 재료를 인쇄할 수 있으며, 텍스타일의 조직이나 표면 거칠기와 상관없이 폭넓게 적용할 수 있다. 스크린 프린팅에 사용하는 잉크는 점도가 높고 휘발성이 낮으므로, 메쉬를 사용하여 흘러내림을 방지하는 것이 필요하다. 또한 분산된 전도성 입자의 크기에 따라 메쉬의 크기를 선택적으로 사용해야 한다. 그럼에도 불구하고 스크린 프린팅 기술은 다른 프린팅 기술에 비하여 페이스트, 잉크, 전도성 고분자 등 재료의 점도나 형태에 영향을 덜 받는다. 코팅의 두께는 메쉬의 크기, 스퀴지 변수, 스크린과 기재 사이의 거리, 잉크의 특성 등에 따라 달라지는데, 다른 프린팅 기술에 비하여 상대적으로 두꺼운 층을 형성하기 때문에 유연하거나 신축성이 있는 기재에는 사용이 제한될 수 있다. 하지만 이러한 문제는 최근 신축 가능한 전도성 잉크가 개발되면서 극복되고 있다. 또한 패턴 구조를 편리하고 효율적으로 제조하면 잉크의 낭비 없이 효율적인 인쇄가 가능해 친환경적이다.

스크린 프린팅이 가지는 또 하나의 가장 큰 장점은 Roll-to-Roll 공정으로 연결이 가능하다는 것이다. Roll-to-Roll(R2R) 공정이란 기재가 여러 개의 롤러 사이를 지나가면서 라미네이팅, 코팅, 프린팅 등의 공정이 연속적으로 이루어지는 것을 말한다. 따라서 빠르고 저렴하게 전자소자의 대면적, 대량 생산이 가능하다. 만약 스크린 프린팅 방식으로 전자소자를 대량 생산할 경우 flat-bed 방식이나 rotary 방식을 적용할 수 있다.

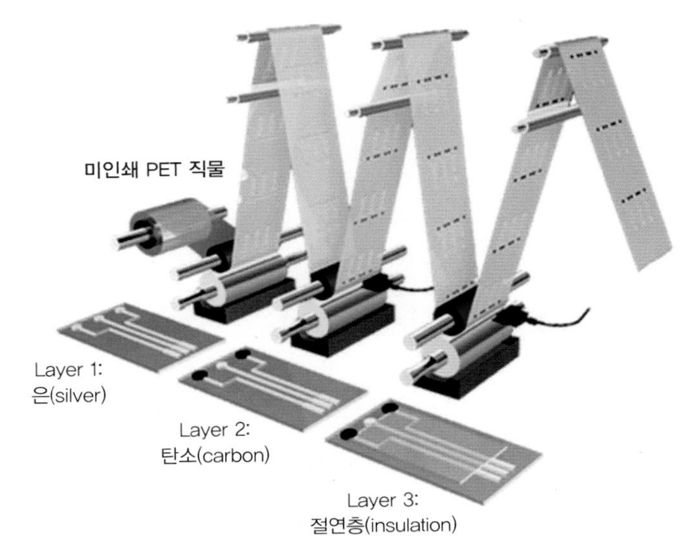

그림 2-16 Roll-to-Roll 프린팅 공정의 모식도

(출처: Bariya et al. (2018). Roll-to-roll gravure printed electrochemical sensors for wearable and medical devices. *ACS nano*, 12, 6978-6987.)

2.4 프린팅 기반 전자섬유의 사례

전자섬유는 전자 디바이스, 웨어러블 디바이스, 스마트 의류 등과 결합되어 스포츠, 안전, 헬스케어, 교육, 패션 분야 등에 다양하게 적용되고 있다. 최근에는 IoT 확장과 함께 소프트 로봇, 가상현실, internet-of-smart textile 분야로 확대되고 있다.

프린팅 기술을 활용한 전자섬유는 기술적인 난이도가 낮아 제작이 쉽고, 다른 기술에 비해 비용이 저렴한 편으로, 대량 생산 시스템으로의 도입이 용이하여 다양한 상용화 사례를 찾아볼 수 있다. 이에 본 장에서는 섬유의 유연한 특성을 활용하여 전기적인 성능을 구현한 전자섬유의 사례를 소개하고자 한다. 여기에는 의류, 양말, 신발 인솔 등의 완제품부터 기존 디바이스 부품을 대체하기 위하여 개발된 섬유형 전자부품 소재까지, 현재 시장에 출시되었거나 연구를 통해 프로토타입 형태로 제작된 시제품 등을 모두 포함하였다.

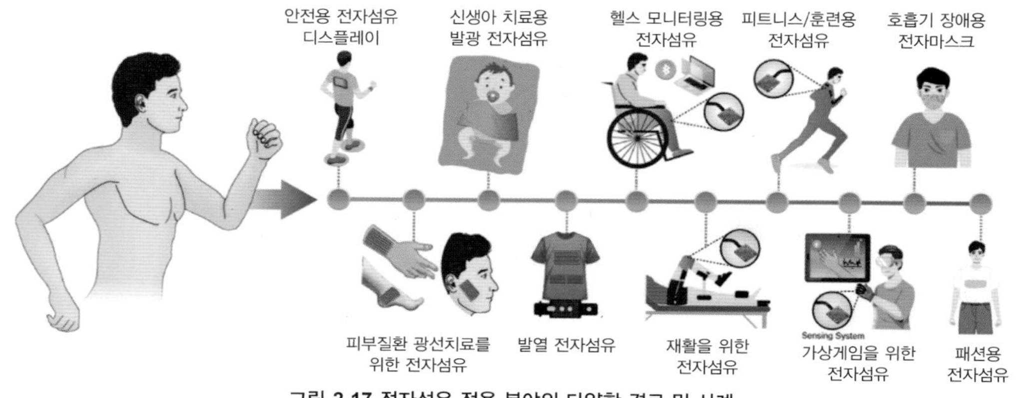

그림 2-17 전자섬유 적용 분야의 다양한 경로 및 사례

(출처: Meena et al. (2023). Electronic textiles: New age of wearable technology for healthcare and fitness solutions, *Materials Today Bio*, 19, 100565.)

Multi-Tech Commuter Jacket

Multi-Tech Commuter Jacket은 스크린 프린팅 기술을 활용하여 전도성 잉크로 회로를 구성하고, 이를 통해 발열 기능을 내는 스마트 발열 재킷이다. 디자이너 데스피나 파파도풀로스(Despina Papadopoulos)는 사무실에서도 착용할 수 있고, 일상생활에도 적합한 세련되고 실용적인 디자인을 목표로 재킷을 제작하였다. 세부적으로는 Lubrizol 社가 보유한 유연하고 신축성 있는 회로 프린팅 기술, ACI Materials 社의 전도성 잉크와 회로 설계 기술을 바탕으로 하였으며, Butler Technologies 社는 이러

그림 2-18 Multi-Tech Commuter Jacket

(출처: https://www.lubrizol.com/Engineered-Polymers/Applications/Performance-Apparel/MTC-Jacket)

한 기술을 실제로 의류에 적용해 인쇄 전자기기를 개발하고, 유연한 회로층의 조립을 담당했다.

Multi-Tech Commuter Jacket은 발열 회로를 통해 필요할 때마다 발열 기능을 제공한다. 또한 장기적인 사용에도 뛰어난 내구성을 유지하며, 관리가 쉽다는 특징이 있다. 기재가 되는 직물은 신축성 있는 데님과 폴리에스터 소재로, 우수한 착용성을 보장하여 일상생활과 직장 환경 모두에 적합하다.

Owlet Band & Baby Smart Socks

Owlet 社는 DuPont 社의 Intexar™ 기술을 활용해 영유아와 태아의 건강을 모니터링하는 스마트 제품을 전문적으로 개발하고 있다. Intexar™는 신축성이 뛰어난 은 기반의 전도성 잉크가 사용되는데, 이 잉크는 필름이나 직물에 쉽게 인쇄될 수 있어 우수한 내구성과 전도성을 제공한다.

Owlet Band는 임산부의 배를 감싸는 복대 형태로 제작되어 태아의 심박수와 움직임을 모니터링할 수 있는 제품으로, Intexar™ 기술이 사용되어 매우 얇고 신축성 있는 센서를 통해 편안하면서도 정확한 데이터를 제공한다. 이 제품은 임산부가 자신과 태아의 건강을 보다 쉽게 관리할 수 있도록 도와주며, 의료 전문가와의 상담에도 유용한 정보를 제공할 수 있다.

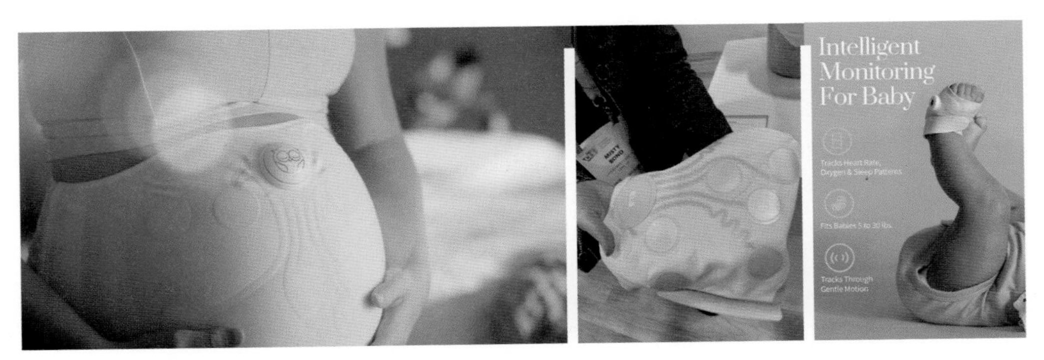

그림 2-19 Owlet 社의 Owlet Band와 Baby Smart Socks

(출처: https://owletcare.com.au/blogs/blog/owlet-band-a-prenatal-wellness-product?srsltid=AfmBOoryuJyHpY43_Xywbo209p97Cl5ma2CAJP6qbVET37o43oeWz76u)

또한 Baby Smart Socks는 아기의 심박수와 산소 포화도를 실시간으로 모니터링할 수 있는 양말로, 데이터를 부모의 스마트폰으로 전송하여 아기의 건강 상태를 지속적으로 체크할 수 있게 해준다. 해당 제품 또한 사용이 편리하고, 정확성이 우수하여 유아용 홈케어 제품으로 많은 관심을 받고 있다.

Smart Shirts

Holst Centre는 프린팅 기술을 활용하여 여성의 중요한 생체 신호를 지속적으로 모니터링할 수 있는 Smart Shirts를 개발하였다. 이 Smart Shirts는 섬유에 직접 프린트된 센서들을 통합하는 방식으로 제작되어 착용 시 편안함을 제공한다. 특히 이 센서들은 라미네이팅 처리가 되어 있어 일반 세탁 과정에서도 최대 25회까지 내구성을 유지할 수 있다. 디자인 또한 일상복과 큰 차이가 없어 일상생활에서도 손쉽게 착용할 수 있도록 고안되었다.

2018년에는 'Closed Loop Smart Athleisure Fashion Project'를 통해 전자섬유 제품의 환경적 지속 가능성에 주목하였다. 이 프로젝트는 더 이상 사용하지 않는 스마

그림 2-20 Holst Centre의 Smart Shirts

(출처: https://www.by-wire.net/clsaf)

트 의류를 회수하여 부품을 분해하고 재사용할 수 있도록 하는 것을 목표로 했다. 이러한 접근 방식은 제품의 수명 주기 전반에 걸쳐 지속 가능한 제조와 재활용을 고려하여 설계되었으며, 프린팅 기술은 부품 회수 및 재사용에 매우 적합한 것으로 평가되었다.

Roll-to-Roll Headphones

Roll-to-Roll 프린팅 기술을 활용한 프랑스 디자이너 막심 루아소(Maxime Loiseau)의 헤드폰은 프린팅된 전자회로를 통해 소리를 전달하는 제품이다. 해당 프린팅 기술은 복잡한 전자회로를 유연한 기판에 직접 인쇄함으로써 전통적인 조립 공정을 간소화하고 제조 비용을 절감한 것이 특징이다. 이 헤드폰은 다양한 디자인과 재료를 커스터마이징하여 제작이 가능해 사용자가 개인의 취향에 맞게 제품을 맞춤 설정할 수 있어, 단순한 음향 기기로서의 기능을 넘어 패션 아이템으로서의 활용도를 갖는다.

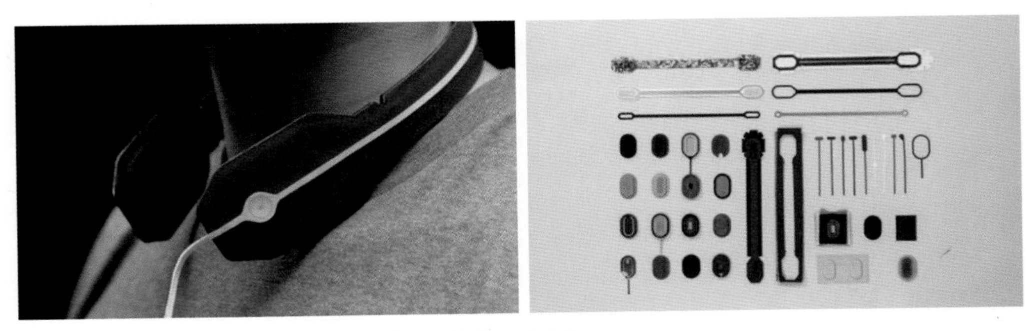

그림 2-21 Roll-to-Roll Headphones

(출처: https://www.dezeen.com/2015/05/29/maxime-loiseau-streamlined-roll-to-roll-headphones-printed-electronics-circuit-new-york-nycxdesign-2015)

Bebop Sensors

Bebop Sensors 社는 전도성 잉크를 직물에 직접 프린팅하여 다양한 형태의 스마트 패브릭 센서를 개발하는 기업이다. Bebop Sensors 社는 이 기술을 통해 복잡한 전자회로를 얇은 직물 위에 안정적으로 프린팅할 수 있어 유연성과 경량성을 동시에 확보하였으며, 제품을 다양한 디자인과 크기로 맞춤 제작할 수 있다.

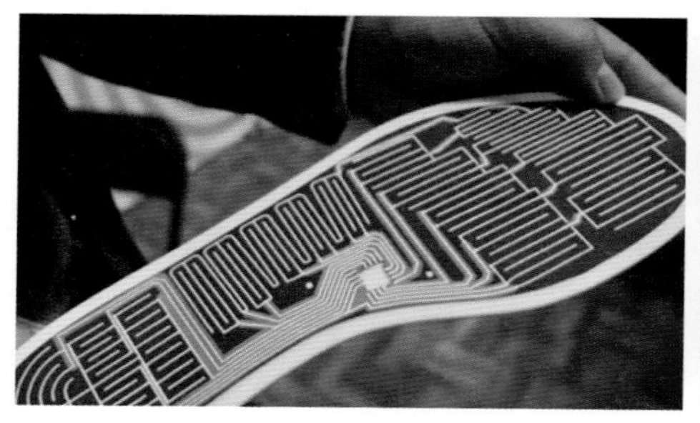
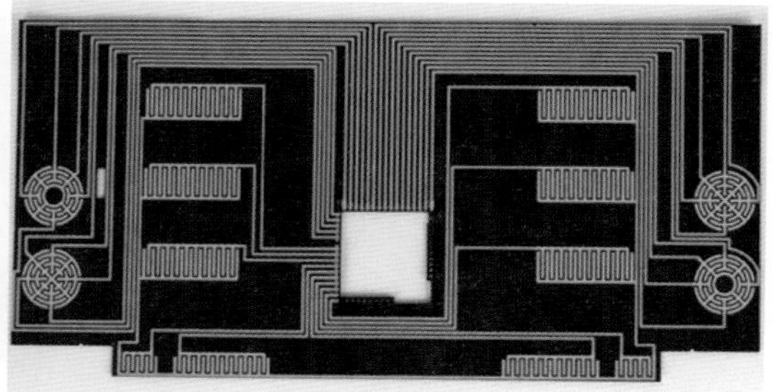

그림 2-22 Bebop Sensors 社의 직물 위에 직접 인쇄된 센서
(출처: www.bebopsensors.com)

주요 제품으로는 족압 분석을 위한 스마트 인솔, 운전자의 움직임을 감지하는 카시트 센서, 손가락의 압력을 감지하는 키패드 등이 있다. 스마트 인솔은 사용자의 걸음걸이와 압력 분포를 정확하게 측정할 수 있어, 운동선수나 재활 환자에게 유용하다. 카시트 센서는 운전자의 자세와 움직임을 모니터링하여 안전성을 높이고, 키패드는 손가락의 압력을 감지하여 정밀한 인터페이스 조작을 가능하게 한다.

Bebop Sensors 社는 DuPont 社와 협력하여 신축성과 세탁 내구성을 모두 갖춘 전도성 잉크를 개발하고, 이를 다양한 섬유에 적용해 의료, 스포츠, 자동차 산업 등 여러 분야에서 솔루션을 제공하고 있다. 예를 들면 환자의 움직임을 모니터링할 수 있는 병원 침대 또는 휠체어의 시트, 운동 중 사용자의 자세를 실시간으로 분석할 수 있는 스마트 요가 매트 등이 있다.

Cocomi®

일본의 섬유기업 Toyobo 社에서 개발한 Cocomi®는 은과 탄소를 기반으로 하는 스트레치성 전도성 필름이다. 이 필름은 면저항이 약 1 Ω 이하로 매우 우수한 전도성을 제공하며, 두께가 0.3 mm 수준으로 얇아 부드럽고 신축성이 뛰어나다. 이러한 특성 덕분에 Cocomi®는 전극용 필름으로써 다양한 용도에 활용될 수 있다.

프린팅 기법으로 제작된 이 전도성 필름은 필요한 크기로 자유롭게 잘라 사용할 수 있어, 완제품의 특정 부분 중 전기적 특성이 필요한 곳에 간단하게 접목할 수 있다. 예를 들어 스마트 스포츠웨어와 같은 웨어러블 디바이스에 적용할 경우 심박수나 호흡

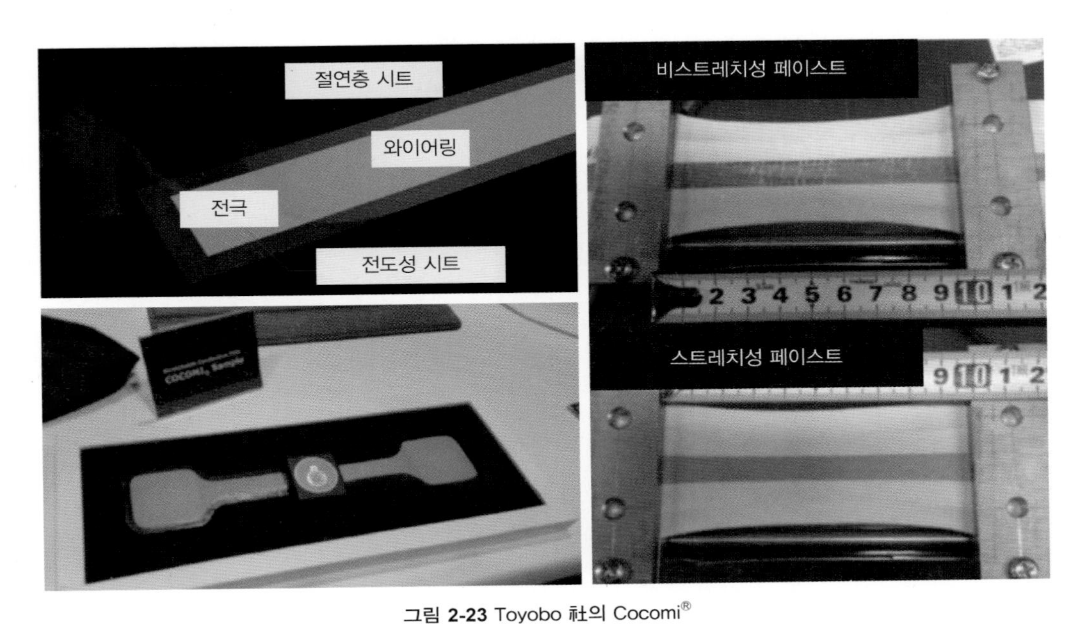

그림 2-23 Toyobo 社의 Cocomi®
(출처: https://www.toyobo-global.com/discover/materials/concept_car/int/int07.html)

을 정확하게 측정할 수 있다. 특히 필름이 신장될 때도 표면에 크랙이 발생하지 않기 때문에 지속적으로 착용할 수 있고, 운동 중에도 안정적인 성능을 유지할 수 있다.

Cocomi® 전도성 필름은 신축성과 내구성 덕분에 사용자에게 편안한 착용감을 주며, 동시에 고성능 전자 기능을 통합할 수 있는 기회를 제공한다. 이러한 장점을 바탕으로 Cocomi®는 전자섬유 및 웨어러블 기술 분야에서 중요한 역할을 하고 있으며, 앞으로도 다양한 응용 가능성을 보여줄 것으로 기대된다.

Intexar™

미국 Celanese 社의 Intexar™ 기술은 건강, 피트니스, 온열 의류 응용 분야를 위한 기술로, 직물에 잉크와 필름을 통합하여 다양한 기능을 제공한다. Intexar™ 기술에 사용되는 재료는 유연하고 부드러우며 얇고 가벼워 착용 시 편안함을 줄 수 있어 생체 신호 감지 및 전송, 열 전달 등을 위한 웨어러블 기기에 적합하다. 또한 표준 직물 라미네이션 공정에서도 쉽게 호환되며, 다양한 형태로 절단하여 사용할 수 있다. 반복 세탁 후에도 강력한 신호 강도를 유지하며, 최대 100회의 세탁 주기를 견딜 수 있

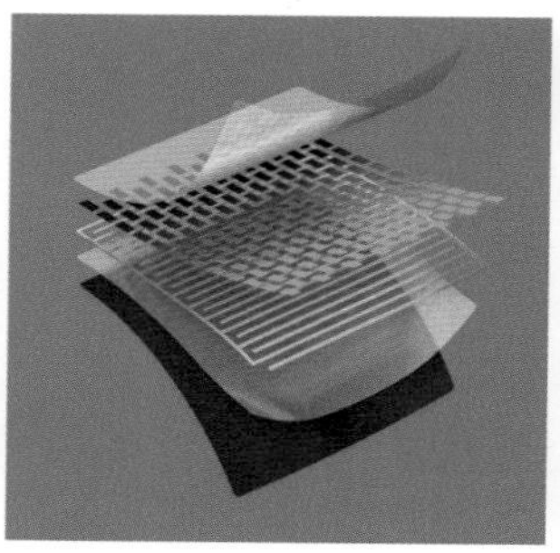
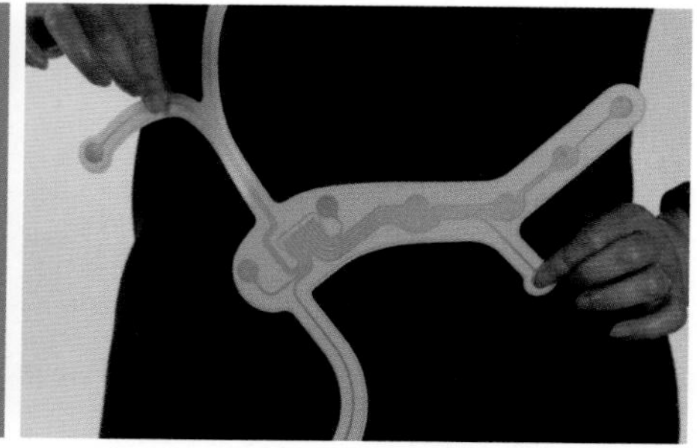

그림 2-24 Intexar™의 Film 및 Heat 기술 전략 및 제품
(출처: https://www.celanese.com/products/micromax/intexar)

는 내구성을 자랑한다. 이러한 특성을 바탕으로 Intexar™ 기술은 다양한 스마트 건강 기기 및 의류를 쉽게 디자인하고 제조할 수 있게 하여 효율적이고 혁신적인 제품 개발을 가능하게 하고, 소비자에게 더 나은 사용 경험을 제공한다.

Intexar™ 기술이 적용된 제품 라인은 Intexar™ Health, Intexar™ Fitness, Intexar™ Heat 등이 있다. Intexar™ Health는 피부 패치나 웨어러블 의류에 쉽게 통합되어 스마트 헬스케어 솔루션을 제공한다. 이는 피부에 직접 부착하여 신체의 자연적인 전기 신호를 모니터링할 수 있으며, 신축성을 유지하면서도 전도성을 발휘하여 사용자에게 편안한 사용감을 제공한다. 또한 온열 기능과 약한 전기 자극을 통해 특정 부위의 통증을 완화시키는 용도로도 활용할 수 있다. Intexar™ Fitness는 가볍고 신축성이 뛰어나며 이음새가 없는 착용감을 제공하는 기술로, 기능성 의류에 통합되어 운동선수들이 맥박, 호흡률, 근육 긴장도 및 자세를 모니터링할 수 있도록 도와준다. 이를 통해 운동선수들은 보다 정확한 생체 신호 데이터를 기반으로 훈련 성과를 향상시킬 수 있다. Intexar™ Heat는 얇고 안전하며 효율적인 열 전달 기능을 갖추고 있어, 추운 환경에서도 온도를 조절할 수 있는 온열 스마트 의류에 적합한 기술이다. 이 기술은 작동 후 40초 이내에 빠르게 목표 온도에 도달하여 신속한 온열 효과를 제공한다.

Liquid Midi

헝가리 EJTech 연구진들이 개발한 Liquid Midi는 텍스타일 형태의 메시지 전달 매체이다. 이 기술은 Bare Conductive 社의 전도성 잉크를 사용하여 텍스타일이나 종이 등의 기판 위에 전도성 센서를 프린팅함으로써 촉각과 소리 자극을 동시에 전달한다. 사용자가 Liquid Midi 직물 표면을 누르거나 구기면 Midi 신호가 생성되며, 이를 통해 음악을 재생하거나 조작할 수 있다. 또한 독특한 외관으로 기능뿐만 아니라 심미성도 갖추고 있어 전자 음악 공연이나 설치 미술 작품 등으로도 활용이 가능하다.

기술적으로는 전도성 잉크를 사용하여 회로를 직물 표면에 스크린 프린팅 방식으로 인쇄함으로써 유연성과 경량성을 확보하였고, 이러한 특성 덕분에 사용자에게 더욱 직관적이고 몰입감 있는 경험을 제공할 수 있다.

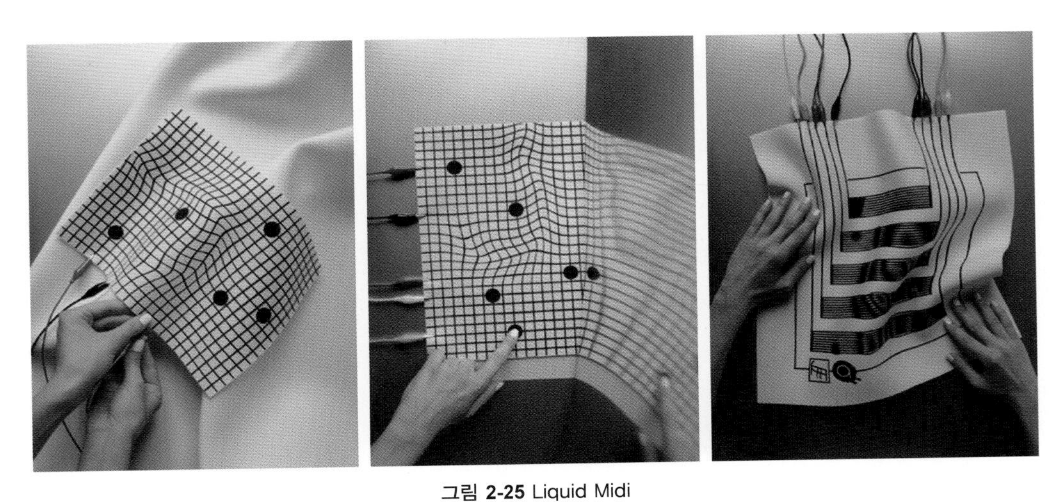

그림 2-25 Liquid Midi

(출처: https://chromosonic.tumblr.com/post/123993207612/designisso-liquid-midi-by-ejtech-the-last)

Electric Marker & Eraser(전자마커 & 전도성 잉크 지우개)

일본의 프린팅 회로 전문 기업인 AgIC 社는 은 전도성 잉크를 사용하여 전기회로를 그리고 직접 인쇄할 수 있는 전자마커와 잉크젯 프린터를 개발하였다. 전자마커는 펜과 동일한 형태로 사용자가 직접 회로를 그릴 수 있으며, 잉크젯 프린터는 디자인한 회로를 종이나 필름에 프린팅할 수 있는 제품이다. 또한 회로의 결점을 수정하거나 삭제할 수 있는 전도성 잉크 지우개도 함께 생산 중이다.

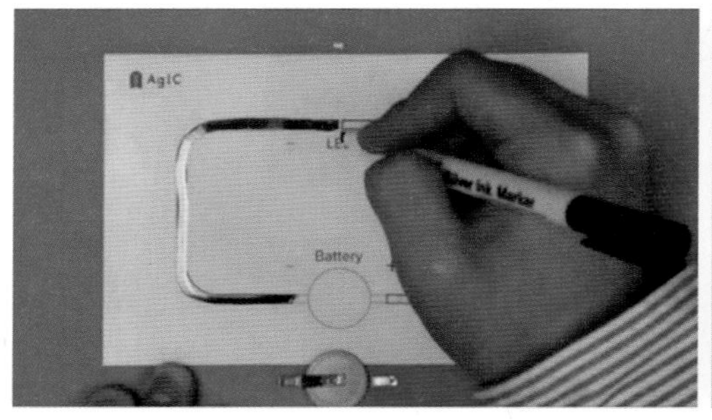

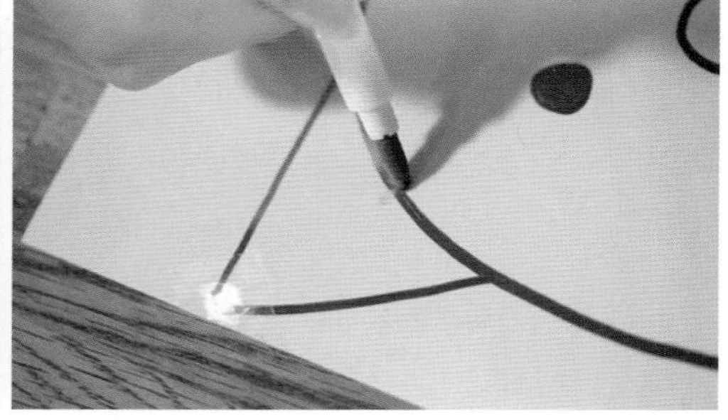

그림 2-26 AgIC 社의 Electric Marker
(출처: https://materialdistrict.com/article/this-magic-marker-from-japan-is-electric)

AgIC 社의 전자마커에 사용된 전도성 잉크는 은 나노 입자를 포함하고 있어, 빠른 건조 후에 전기 전도성을 발현한다. 반면 전도성 잉크 지우개는 이 은 나노 입자를 화학적으로 분해하여 전도성을 제거하는 방식으로 사용된다. 이러한 성능을 활용하여 실수로 그린 회로나 센서의 변경과 수정이 용이하다는 것이 이 제품의 가장 큰 장점이다. AgIC 社의 전자마커와 전도성 잉크 지우개는 특유의 간편성 덕분에 일본의 초등교육에 도입되어 학생들이 과학적인 연구 경험을 쌓을 수 있도록 활용될 예정이다. 또한 이 기술은 연구 환경에서도 매우 유용하여, 빠르고 효율적인 회로 설계와 반복적인 테스트를 가능하게 할 것으로 기대된다.

프린팅 기술을 응용한 웨어러블 전자부품

Printed Electronics 社는 프린팅 기술을 응용하여 LED와 접목하는 등 직물과 다양한 전자회로의 결합을 시도하고 있다. 특히 영국의 Amphenol Invotec 社와 협력하여, 유연하면서도 단단한 특성을 지닌 PCB 기판을 생산하는 중이다. 이들은 프린팅 기술과 섬유를 접목하여 의료, 스포츠, 센서, 안테나, 디스플레이 등에 적용하고 있으며, 섬유기업 및 웨어러블 전자기기 업체와 유기적으로 협력함으로써 유럽 내에서 프린팅 기술을 활용한 전자부품 응용 기술 개발에 집중하고 있다.

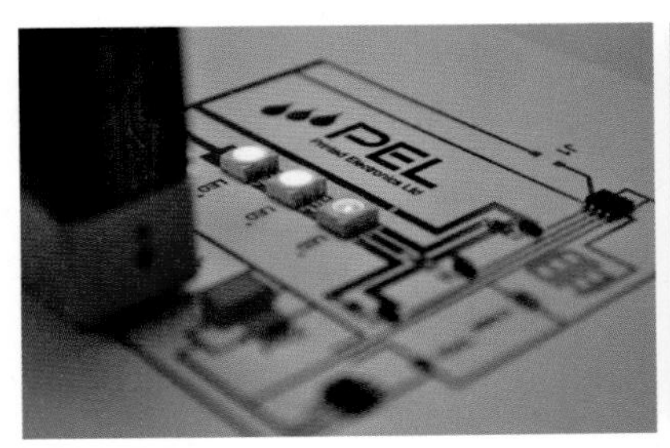

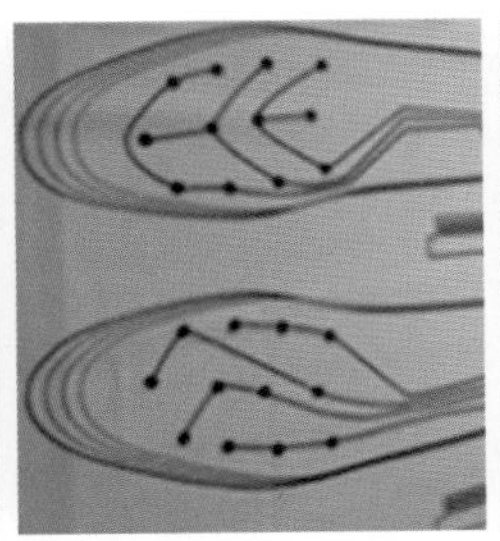
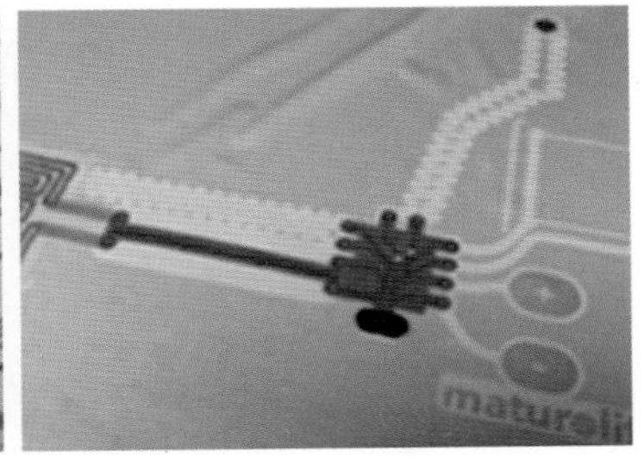

그림 2-27 Printed Electronics 社의 기술 및 제품
(출처: https://www.printedelectronics.com/electronics/wearables)

2.5 프린팅 기반 전자섬유 기술의 전망

프린팅 기술을 활용한 전자섬유 산업은 신기술의 접목과 지속 가능성, 상용화를 중심으로 연구와 개발이 진행되고 있다. 이러한 프린팅 기술의 연구 동향에 따라 전도성 잉크는 재활용 가능성, 안정적인 성능, 경량성, 호환성, 지속 가능성을 모두 만족시키는 다기능 잉크로의 발전이 예상된다. 특히 스마트 의류 등 웨어러블 디바이스에 적용되는 전도성 잉크는 전도성, 신축성, 내구성 등 다양한 요구를 동시에 충족시켜야 하며, 환경친화적인 재료를 사용하는 방향으로 연구가 진행되어야 할 것이다.

제조 기술 측면에서는 2D를 넘어 3D 복합구조 제작이 가능한 프린팅 기술과 AI 및 머신러닝 기술을 적용하는 연구가 진행되고 있다. 3D 프린팅 기술은 복잡한 전자회로와 구조물을 직물 위에 직접 프린팅할 수 있게 하여 웨어러블 디바이스의 기능성을 크게 향상시킬 것이다. 디지털 기술과 관련한 AI 및 머신러닝의 도입과 활용은 프린팅 과정의 정밀도와 효율성을 높이는 데 기여할 것이다. 또한 노즐 소형화를 통해 해상도를 증가시켜 프린팅 구조의 품질과 정밀도를 향상시키는 기술이 개발 중이다. 소형 노즐은 미세한 패턴을 정확하게 프린팅할 수 있어 고해상도의 전자회로를 제작하는 데 필수적이다.

전자섬유의 성능 측면에서는 발전 용량이 다른 기술에 비해 상대적으로 약하기 때문에, 유효 면적 증대에 따른 출력 성능을 높이는 연구가 진행되고 있다. 이는 섬유 구조 최적화 또는 새로운 소재 도입을 통해 전력 효율을 높이는 방안을 포함한다. 그래핀이나 탄소 나노튜브와 같은 첨단 소재를 활용하여 전도성과 내구성을 동시에 향상시키는 연구도 활발히 이루어지고 있다. 이러한 발전은 의료, 스포츠, 웨어러블 기기 등 다양한 분야에서 전자섬유의 응용 가능성을 확대시키고, 더 나은 성능과 효율성을 제공할 것으로 기대된다.

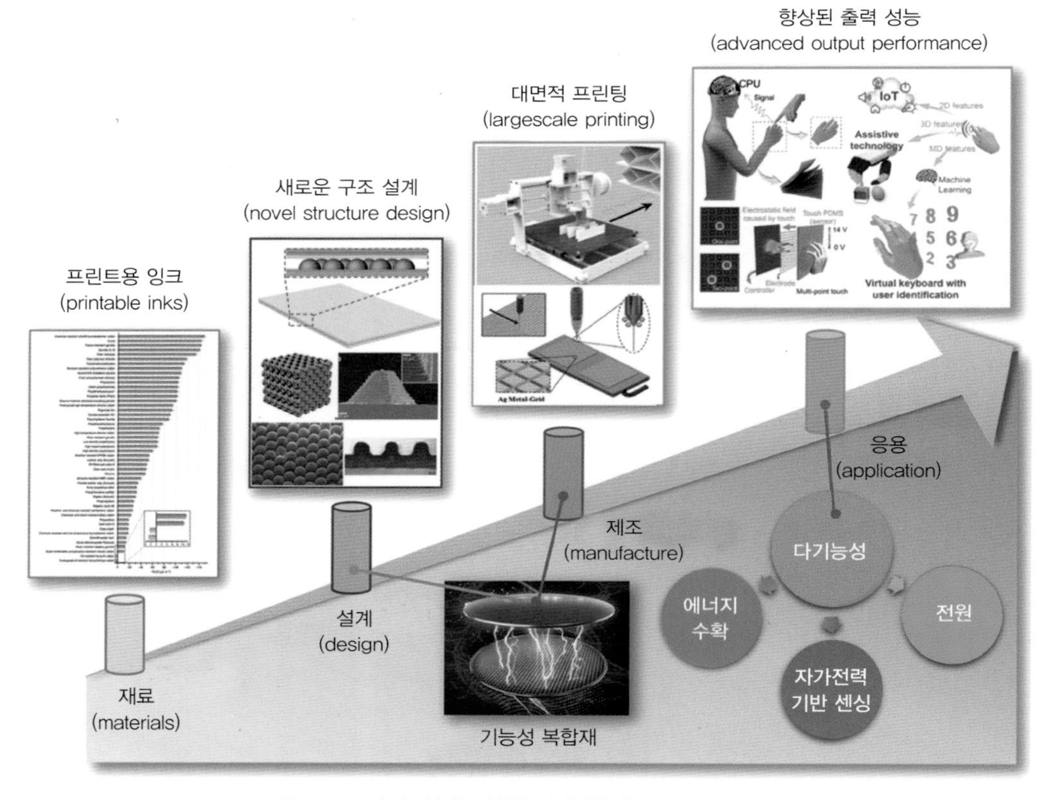

그림 2-28 프린팅 기술을 사용한 전자섬유의 제조와 응용 방향성

(출처: Li et al. (2022). Recent advances on ink-based printing techniques for triboelectric nanogenerators: Printable inks, printing technologies and applications, *Nano Energy*, 101, 107585.)

MEMO

CHAPTER

03

전자섬유 제조를 위한 프린팅 재료

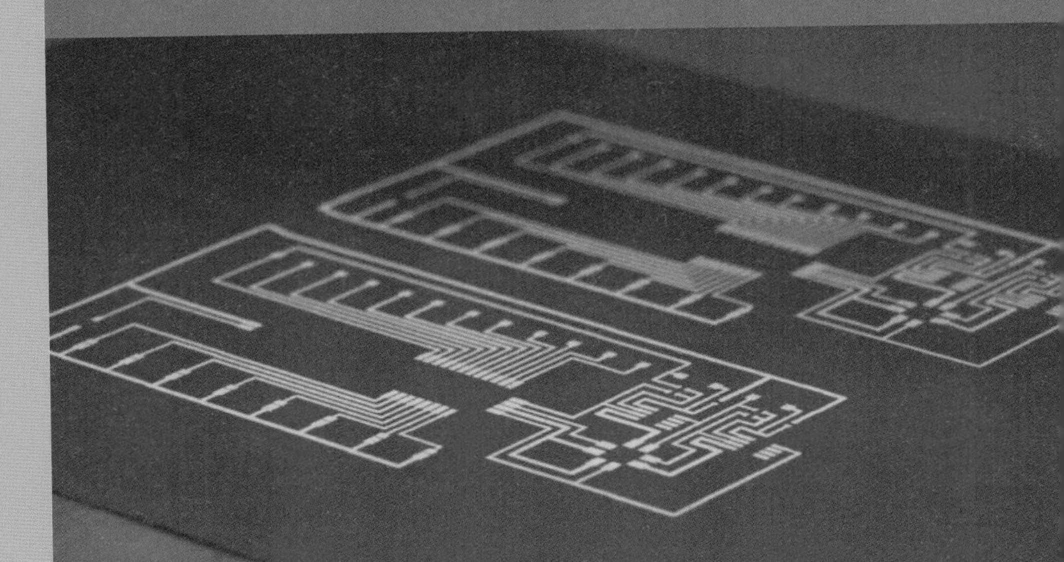

잉크를 기반으로 하는 프린팅 기술은 복잡한 구조의 디자인을 간편하고 쉽게 제작할 수 있다는 측면에서 큰 장점을 지닌다. 이 기술은 전자섬유에도 매우 유용하게 적용될 수 있다. 다양한 전자부품을 섬유에 직접 통합한 전자섬유는 착용할 수 있는 전자기기로서 헬스케어, 스포츠, 패션 등 다양한 분야에서 응용될 수 있으므로 그 중요성이 점점 더 커지고 있다.

전자섬유 제조를 위한 필수적인 요소는 기재(substrate), 전도성 잉크(conductive ink), 그리고 이를 효과적으로 적용하기 위한 프린팅 기술(printing technology)이다. 이외에도 전자섬유의 제조와 응용을 위해서는 제작된 부품과 디스플레이, 전원 장치를 효율적으로 연결할 수 있는 소자 접합 기술, 그리고 전자섬유에서 얻은 데이터를 분석하고 활용 가능한 정보로 변환할 수 있는 소프트웨어 및 데이터 해석 기술을 필요로 한다.

3.1 기재(substrate)

프린팅 방식은 전자회로 및 전도성을 다양한 기재에 자유롭게 구현할 수 있게 한다. 전자섬유를 위한 기재로는 고분자 기반의 플라스틱(PEN, PET, PI), 고분자 기반의 탄성 재료(PDMS, 실리콘 고무), 금속 호일(알루미늄, 구리), 종이, 텍스타일 등이 활용된다. 이 기재들은 각기 다른 물리적, 화학적 특성을 가지고 있으며, 기재의 선택은 전자섬유의 성능과 프린팅 공정의 효율성에 큰 영향을 미친다.

기재를 선택할 때 고려해야 할 주요 특성으로는 젖음성(wettability), 표면 거칠기(surface roughness), 유연성(flexibility), 비용(cost), 공정 온도 범위(temperature range) 등이 있다.

기재의 젖음성은 특히 직접인쇄(direct printing) 공정에서 중요한 요소이다. 이는 고분자 기재와 잉크 간의 계면 현상에 큰 영향을 미친다. 기재의 표면 에너지는 기재와 잉크 간의 접착력에 직접적인 영향을 주며, 이는 최종적으로 전자회로의 패턴 형성

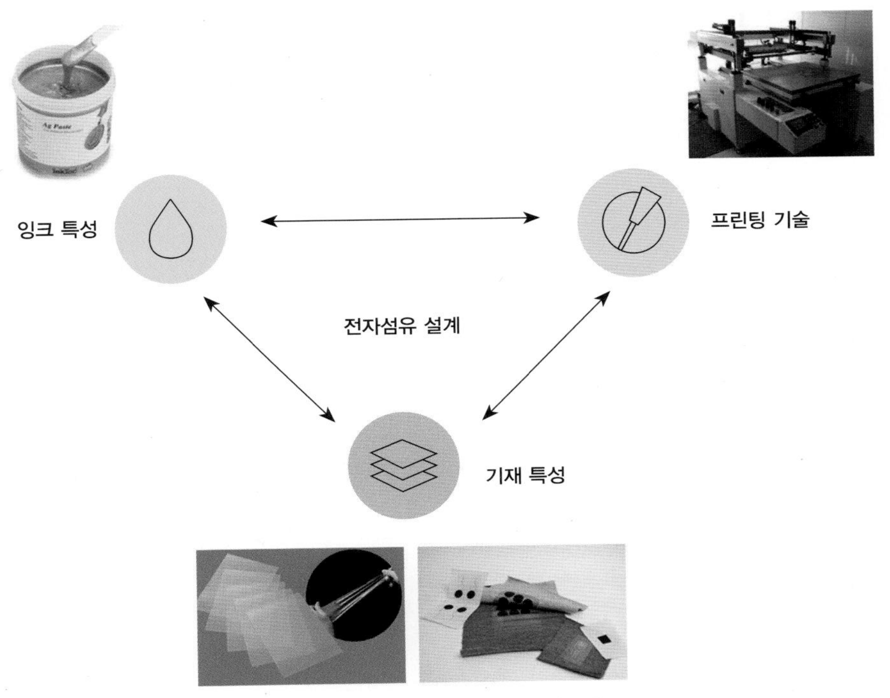

그림 3-1 전자섬유 제조를 위한 필수적인 요소

및 성능을 좌우한다. 소수성이 높은 기재는 잉크가 기재에 충분히 스며들지 않아 프린팅 성능이 떨어질 수 있으며, 반대로 친수성이 지나치게 높으면 잉크가 과도하게 확산되어 패턴이 명확하게 형성되지 않을 수 있다. 따라서 기재의 젖음성 조절은 전자회로의 형상과 성능을 최적화하는 데 중요한 역할을 한다. 이에 기재 표면의 젖음성을 향상시키기 위하여 전처리 공정으로 소수성 기재 표면을 알코올이나 플라즈마로 처리하여 표면 에너지를 조절하기도 한다.

또한 기재 표면의 구조가 불규칙하고 거칠면 잉크와의 접촉이 불충분하여 불균일한 프린팅을 유발하고, 기재와 프린팅된 레이어 간의 접착력이 약해진다. 만약 기재의 표면 거칠기가 크고 표면 에너지가 낮다면, 잉크의 wetting 및 wicking 현상이 발생하지 않아 프린팅 공정이 어려워진다. 이러한 경우 표면 개질을 통해 기재의 표면 거칠기를 줄이는 것이 필요하다. 특히 직물의 경우 구조적으로 표면이 거칠기 때문에 저온 플라즈마, wet cleaning, UV cleaning 등의 전처리 공정 등을 활용하여 직물 표면을 정리하여 균일성을 높이기도 한다. 이러한 전처리 공정은 표면의 불순물을 제거하는 동시에 매끄러운 표면을 형성해 프린팅 품질을 향상시킬 수 있다.

기재의 온도 안정성 역시 프린팅 기술 선택에 큰 영향을 미친다. 기재의 한계 온도 범위는 기재에 적용할 수 있는 프린팅 및 소결 공정의 선택에 제한을 준다. 만약 사

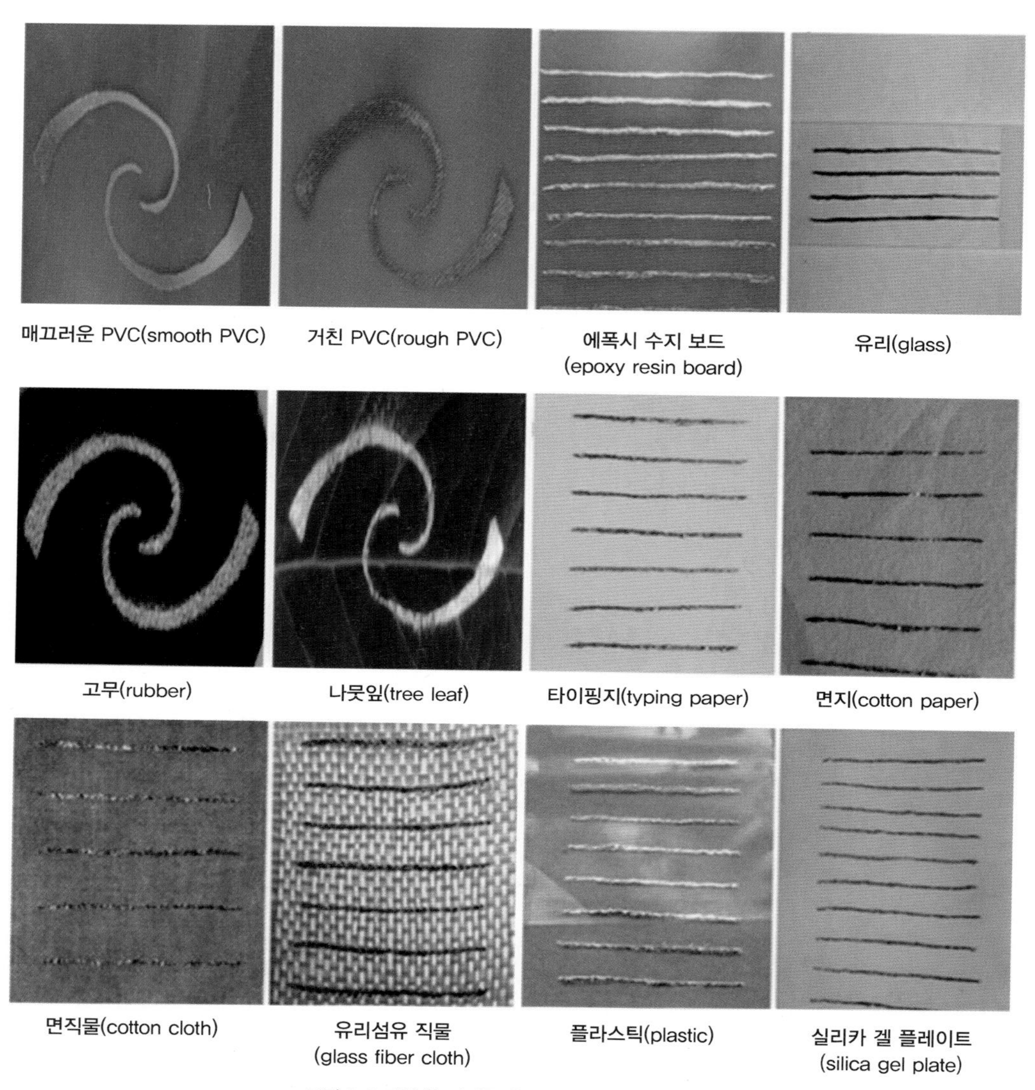

그림 3-2 다양한 기재를 활용한 프린팅 회로 외관

(출처: Wang & Liu. (2016). Recent advancements in liquid metal flexible printed electronics: properties, technologies and applications, *Micromachines*, 7(12), 206.)

용하는 잉크의 소결 공정에 제안되는 처리 온도가 기재의 유리전이온도 또는 용융온도보다 높다면, 프린팅 이후 후처리 과정에서 기재가 변형되거나 손상될 수 있다. 따라서 프린팅의 조건을 설정하기 전에 기재가 안정적으로 성능을 유지할 수 있는 공정 온도 범위를 반드시 미리 확인해야 한다.

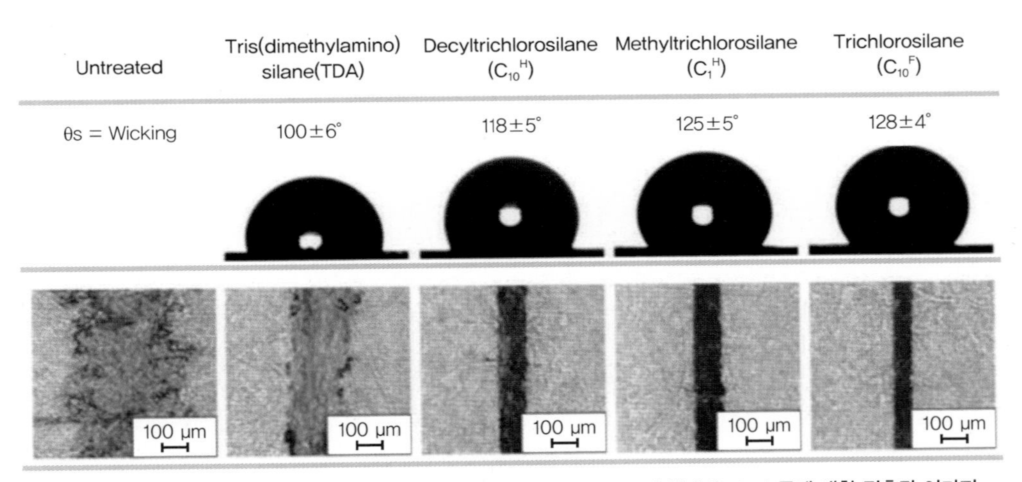

그림 3-3 Canson tracing paper의 유기실란물질 처리에 따른 silver line의 형태와 10 ㎕ 물에 대한 접촉각 이미지

(출처: Huang & Zhu. (2019). Printing conductive nanomaterials for flexible and stretchable electronics. *Advanced Materials Technologies*. 4. 1800546.)

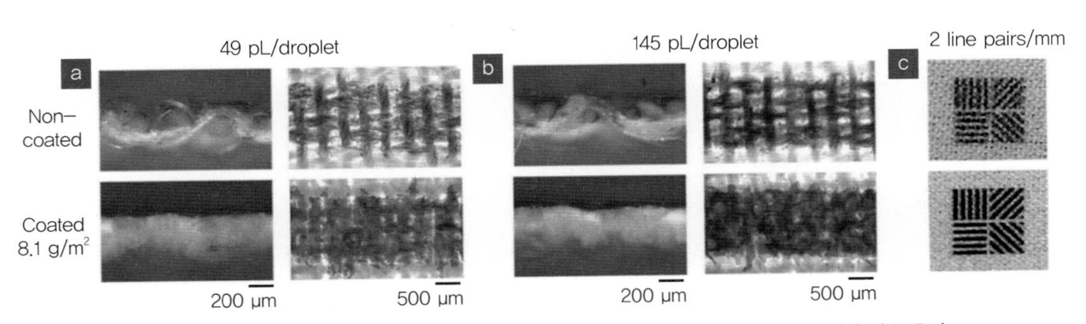

그림 3-4 잉크젯 프린팅 개선을 위한 셀룰로오스 나노섬유 기반 코팅과 이를 통한 표면 거칠기 감소 효과

(출처: Nechyporchuk et al. (2017). Cellulose nanofibril-based coatings of woven cotton fabrics for improved inkjet printing with a potential in e-textile manufacturing. *ACS Sustainable Chemistry & Engineering*. 5. 4793–4801.)

3.2 텍스타일과 프린팅 기술

다양한 프린팅 기재 중에서도 텍스타일은 전자섬유 구현을 위한 가장 도전적인 기재 중 하나로 꼽힌다. 텍스타일은 다공성이 크고, 표면적이 넓으며, 인체 친화적인 특성을 가지므로 웨어러블 전자제품에 적합하다. 그러나 프린팅 공정에서 직물과 잉크 사이의 적절한 접착성이 확보되어야 하고, 프린팅 후 품질의 균일성과 안정적인 기계적 특성이 요구되므로 잉크 및 프린팅 공정의 선택에 있어 신중한 접근이 필요하다.

텍스타일은 구조적 특성에 따라 직물(woven), 편성물(knit), 부직포(non-woven)로 구분된다. 직물은 경사와 위사가 직각으로 교차되어 형성된 조직으로, 조직점이 많아 강도가 우수하고 실용적이다. 편성물은 한 가닥의 실이 연속적인 루프를 형성하며 만들어진 것으로, 루프의 변형에 따른 유연성과 신축성이 뛰어난 반면에 형태 안정성이 떨어지고 강도가 약하다. 부직포는 실이 아닌 섬유 상태로 웹을 형성하여 접합하는 방식으로, 다공성과 벌키성이 우수하지만, 기계적 강도는 상대적으로 낮다. 이 중 직물은 다공성이 작고, 강도가 높으며, 형태 안정성이 우수하여 프린팅 공정 중 신축이나 변형이 상대적으로 적기 때문에 전자섬유를 위한 프린팅 기재로 선호된다.

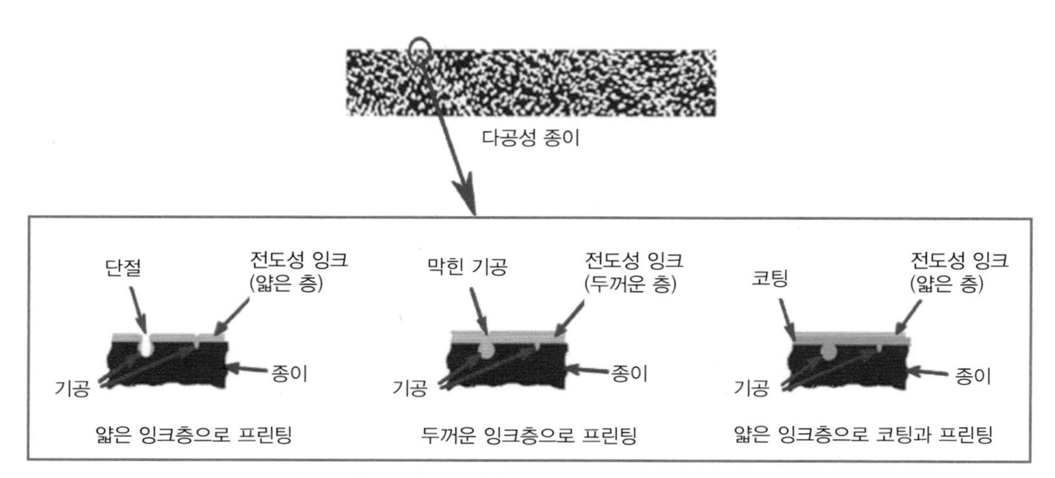

그림 3-5 전도성 잉크를 활용한 프린팅 공정에서 다공성의 영향

(출처: Boumegnane et al. (2022). Formulation of conductive inks printable on textiles for electronic applications: A review. *Textile Progress*, 54(2), 103–200.)

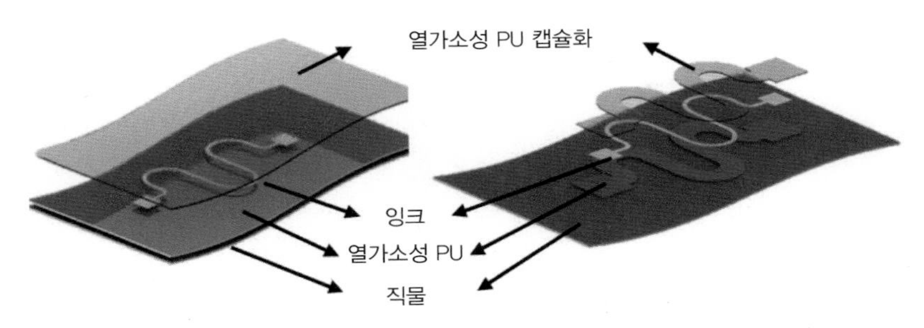

그림 3-6 TPU 필름으로 전도성 잉크의 접착력을 높이는 캡슐화 기법

(출처: Yokus et al. (2016). Printed stretchable interconnects for smart garments: Design, fabrication, and characterization. *IEEE Sensors* Journal, 16(22), 7967–7976.)

텍스타일은 필름에 비해 자체적으로 신축성이 있기 때문에 잉크 선택 시 주의가 필요하며, 프린팅 공정 조건을 변경하거나 스트레치성이 있는 전도성 잉크를 선택하는 것이 좋다. 또한 텍스타일은 자체적으로 프린팅하기 까다로우므로 직물과 잉크 사이의 적절한 통합 전략이 필요하다. 이에 앞서 언급한 것과 같이 전처리 공정을 통하여 직물 표면의 불순물을 제거하고 표면 거칠기를 완화시키거나 잉크와의 접착성을 보완할 수 있는 첨가제를 활용하기도 한다. 따라서 직물 위에 잉크를 직접 인쇄하는 방식은 내구성을 확보하기 위해 물리적, 화학적 접근을 고려해야 한다. 예를 들어 캡슐화(encapsulation) 기법을 활용하여 열가소성 폴리우레탄(TPU)이나 실리콘 같은 고분자를 적용하면 직물과 잉크 간의 접착력을 강화할 수 있다. 이러한 방법은 균일성과 내구성을 향상시키는 데 효과적이다.

프린팅의 실제 공정뿐만 아니라 프린팅의 준비 과정과 후처리에서의 표면 개질 및 잉크의 소결 공정 또한 전자섬유의 성능과 내구성 수준에 영향을 미친다. 일반적으로 전처리(pre-treatment)는 프린팅 공정의 균일성을 높이기 위해, 후처리(post-treatment)는 기재와 잉크 간 결합력을 향상시켜 내구성을 높이기 위해 수행된다.

프린팅을 시작하기에 앞서 실행되는 전처리 공정은 프린팅 공정의 품질 향상과 효율성 증대를 위하여 불순물을 제거하고 기재 표면을 세척하는 것을 목적으로 한다. 또한 기재 특성에 따라 표면 거칠기를 정리하고 기능기를 도입하여 잉크와의 결합반응을 촉진하기 위하여 전처리 공정이 수행되기도 한다.

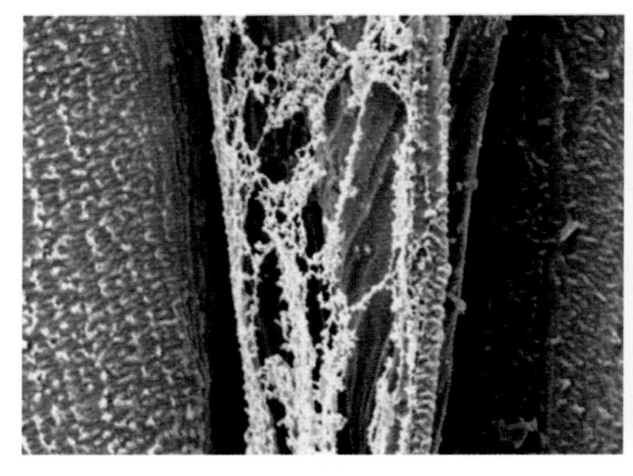

(a) 미처리 직물

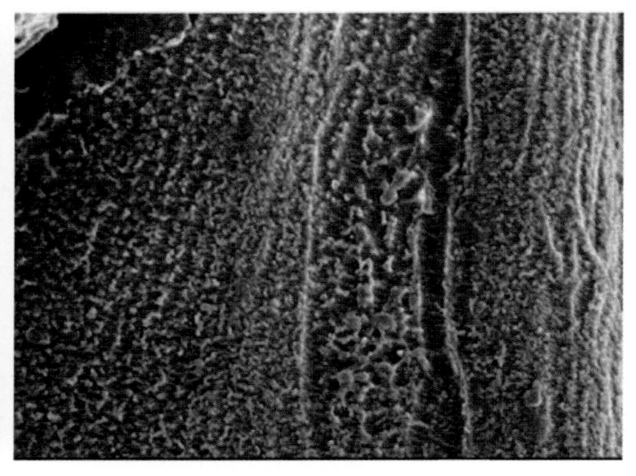

(b) 플라즈마 전처리 직물

그림 3-7 플라즈마 전처리에 따른 코팅 효과

(출처: Kan. (2007). The use of plasma pre-treatment for enhancing the performance of textile ink-jet printing. *Journal of Adhesion Science and Technology*. 12(10). 911-921.)

전처리 방식은 기재의 특성에 따라 선택할 수 있다. 만약 열에 민감한 고분자 물질이나 직물이라면 저온의 플라즈마 처리로 표면을 개질시킬 수 있다. 희석된 염산이나 설폰산, 아세톤, 알코올, 증류수 등을 이용하여 wet cleaning 방식으로 기재 표면의 금속이나 유기불순물을 제거하기도 한다. 그리고 이러한 방식으로도 좀처럼 제거되지 않는 유기불순물의 경우에는 자외선을 조사하기도 한다.

프린팅 후 잉크 안에 용매나 고분자 매트릭스가 액체 상태로 남아 있을 경우에는 잔여물을 제거하기 위하여 후처리 공정이 진행되어야 한다. 후처리 공정은 프린팅 과정에서의 불순물, 첨가제, 잔여 용매를 제거함으로써 전극의 전도성 및 전자의 이동성을 강화시킬 수 있다. 또한 사용하는 잉크의 특성에 따라 기재와의 부착력을 강화하기 위하여 후처리를 진행하기도 한다. 일반적으로 금속 나노 입자는 입자의 소결을 위하여 어닐링(annealing)을 진행하는 반면, 고분자 매트릭스는 80~120 ℃의 저온 환경에서 큐어링(curing)을 진행한다. 이때 지나친 고온 처리는 산화 및 전도성 층의 균열, 기재 물질의 변형 및 손상 등을 야기할 수 있으므로 주의해야 한다.

결론적으로 전자섬유는 프린팅의 품질뿐만 아니라 반복적인 세탁, 건조, 신장에도 안정적인 기능을 유지해야 하며, 웨어러블 소재로서 통기성, 투습성, 보온성을 유지하는 것도 중요하다.

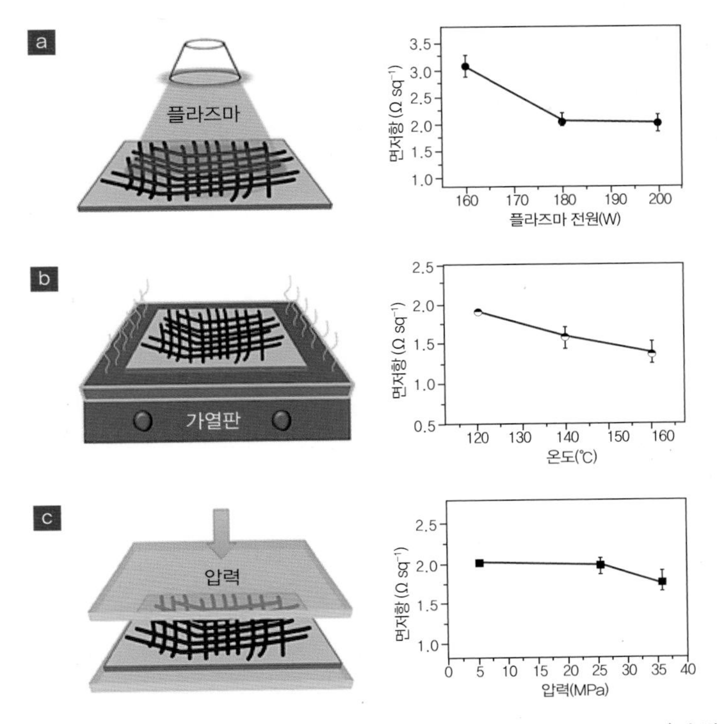

그림 3-8 전도성 레이어 형성 후 후처리 공정에 따른 면저항(sheet resistance)의 변화

(출처: Li et al. (2021). Post-treatment of screen-printed silver nanowire networks for highly conductive flexible transparent films. *Advanced Materials Interfaces*, 8(13), 2100548.)

3.3 전도성 잉크의 종류 및 특성

전자섬유를 제작하기 위하여 프린팅 기술을 활용할 경우, 특히 중요한 요소는 사용하고자 하는 전도성 잉크의 특성이다. 전자섬유는 기재가 매우 유연하고 웨어러블 디바이스로 사용 시 착의 환경에 따라 신장되는 경우가 많으므로, 전도성 잉크는 섬유가 늘어날 때에도 전기적 특성이 유지될 수 있도록 충분히 신축성을 가지고 있어야 한다. 특히 섬유를 기반으로 하는 직물이나 편성물은 웨어러블 디바이스 착용 및 사용 중 신축에 의해 섬유 사이의 기공이 벌어지면서 전도성 층이 파괴될 위험이 있다.

(a) 스트레치성이 있는 신축성 전도성 잉크
(sufficient stretchability)

(b) 스트레치성이 없는 비신축성 전도성 잉크
(insufficient stretchability)

그림 3-9 전도성 잉크의 신축성에 따른 직물 신장 시 전도성 레이어의 변화

(출처: Yamamoto, Y. (2018). Conductive Ink Markets 2018–2028: Forecasts, Technologies, Players. IDTechEx.)

따라서 이를 방지하기 위하여 프린팅 과정에서 전도성 층의 파괴를 예방하는 조건 설정이 필요하다. 이는 주로 적절한 전도성 잉크의 선택, 프린팅 기술의 최적화, 후처리 공정 등 공정 내 여러 요소를 종합적으로 고려하는 과정을 포함한다.

프린팅에 사용되는 잉크는 활용하는 프린팅 기술에 따라 점도와 분산성 등 그 특징이 상이하다. 기본적으로 프린팅 기술에 사용되는 잉크는 뉴턴성 잉크(newtonian ink)와 비뉴턴성 잉크(non-newtonian ink)로 구분된다. 뉴턴성 잉크는 용매에 핵심이 되는 물질을 분산할 때 상대적으로 점도가 낮으나, 인쇄 과정에서 전단속도(shear rate)가 변하더라도 잉크의 점성이 일정하게 유지되는 것이 특징이다. 이에 점도가 낮은 잉크를 활용할 수 있는 스프레이 코팅이나 잉크젯 프린팅에 주로 활용된다. 반면 대부분의 잉크는 비뉴턴성 잉크에 해당되는데, 이러한 특성의 잉크는 전단응력(shear stress)이 증가함에 따라 점성도 함께 증가하여 최종적으로 토출되는 잉크의 직경이 감소하는 특성을 보인다. 비뉴턴성 잉크는 전단응력 증가로 인한 점성의 변화에 따라 전단희석(shear thinning)과 전단농축(shear thickening) 유체로 구분되며, 스크린 프린팅이나 압출 기반 프린팅 등에 많이 활용된다. 그림 3-10은 프린팅 기술에 따라 사용되는 잉크의 일반적인 점성 수준을 나타낸 것이다.

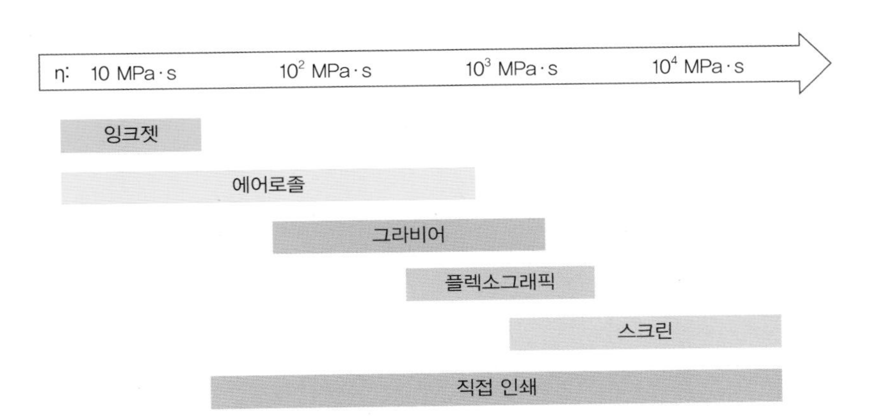

그림 3-10 프린팅 기술에 따라 사용되는 잉크의 일반적인 점도 수준

(출처: Zeng & Zhang. (2019). Colloidal nanoparticle inks for printing functional devices: emerging trends and future prospects. *Journal of Materials Chemistry A*, 7, 23301.)

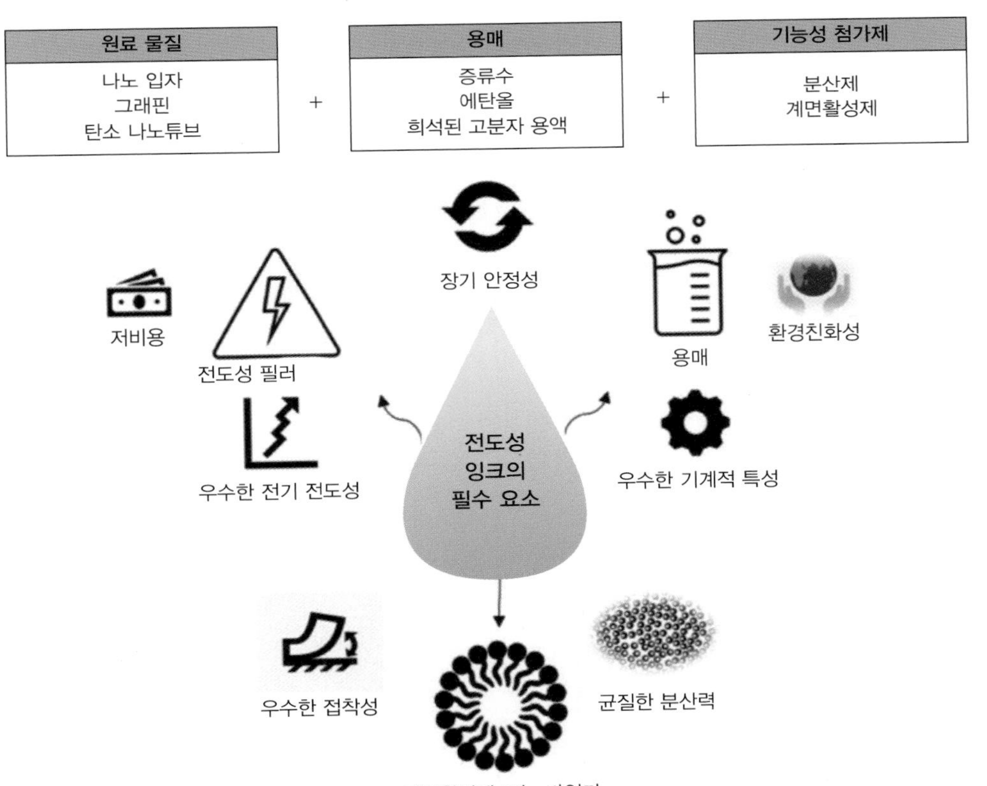

그림 3-11 전도성 잉크 제조의 필수 요소 및 특성

(출처: Htwe et al. (2024). Review on solvent–and surfactant–assisted water–based conductive inks for printed flexible electronics applications. *Journal of Materials Science: Materials in Electronics*, 35(18), 1191.)

반면 전자섬유를 제작하기 위한 전도성 잉크(conductive ink)는 인쇄된 물체가 전기를 전달할 수 있도록 제조된 열가소성 점성 페이스트(paste)의 일종이다. 따라서 전도성 잉크는 용매에 전도성을 나타내는 전도성 필러(feedstock)가 균일하게 분산된 현탁액(suspension liquid) 상태이며, 세부적으로 금속이나 탄소 입자와 같이 전도성을 나타내는 필러와 이를 분산시킬 수 있는 용매 또는 수지, 계면활성제나 분산제 등의 첨가제로 구성되어 있다. 여기에서 전도성 필러는 잉크가 도포되는 기판을 통해 전류가 흐를 수 있도록 하는 핵심 물질이며, 수지 또는 바인더는 기판과의 접착력을 갖도록 돕는다. 잉크의 구성 방식에 따라서 때로는 용매에 고분자 매트릭스가 사용되기도 한다. 이 경우 전도성 물질은 매트릭스 내부를 채우면서 네트워크를 형성한다.

기존 고체 금속 대신 전도성 잉크를 사용하면 최종 제품의 두께나 부피가 크게 감소하고, 유연성과 가공성이 확보되어 가벼운 전자부품 개발이 가능해진다. 이에 따라 현재 전도성 잉크는 태양전지, 멤브레인 스위치, 디스플레이, 자동차 부품, 바이오 센서,

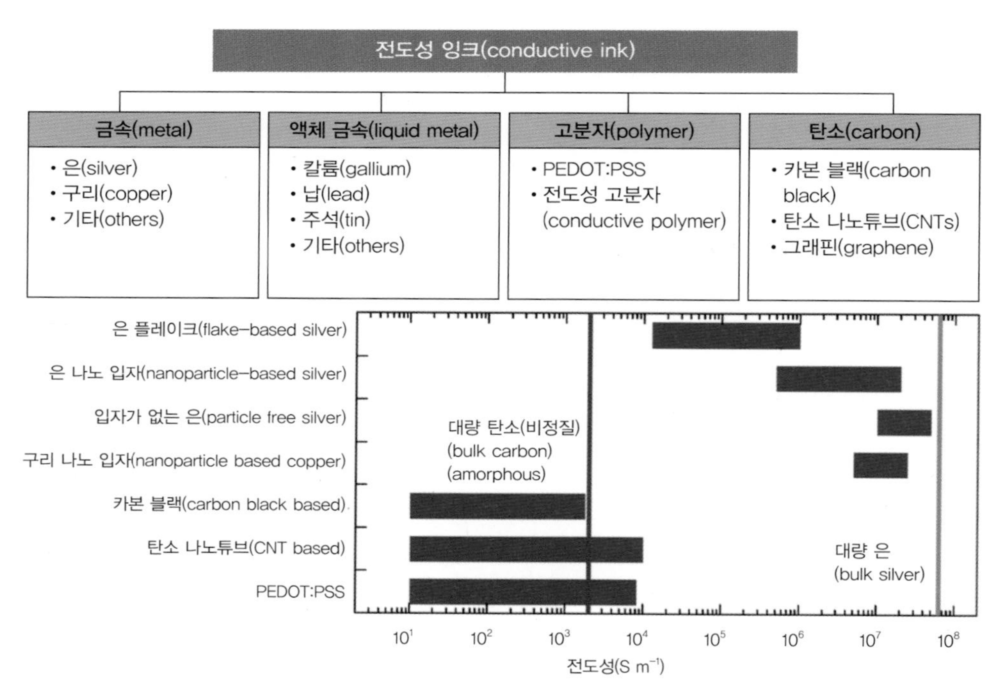

그림 3-12 전도성 잉크의 종류에 따른 전기적 특성

(출처: IDTechEx, conductive ink market, 2023~2033.)

무선인식(RFID), 인쇄회로기판(PCB), 웨어러블 디바이스 등 다양한 분야에서 활용되고 있다.

전도성 잉크의 종류는 크게 금속 입자, 고 단량체 공액 고분자, 액체 금속, 탄소 기반 전도성 물질로 구분되며, 각 종류에 따른 전기적 특성은 그림 3-12와 같다.

(1) 금속 입자(metal particle)

금속 입자는 금속이 본래 가지고 있는 높은 전도성과 우수한 기계적 특성으로 인하여 전도성 잉크에 가장 많이 활용되고 있는 물질이다. 은과 구리를 기반으로 하는 나노 입자나 나노 와이어 등이 전도성 필러 물질로 활용된다. 이들은 전기 및 열 전도성이 우수하고, 산화 및 부식에도 저항성이 있다. 특히 용매 내 나노 입자의 함량(mass percent)을 제어하면 전도성 잉크의 투명성과 기계적 성능도 조절이 가능하다.

프린트 공정에서는 인쇄 형태의 균일성과 조절 가능성, 잉크의 연속적인 추출을 위하여 잉크의 안정성이 가장 중요하다. 따라서 금속 입자를 활용한 전도성 잉크는 입자들이 용매 내에 균질하게 분산되어 있어야 한다. 그러나 반데르발스 인력이나 정전기적인 반발, 리간드 작용 등에 의하여 집합체가 형성되므로 분산이 어려운 것이 가장 큰 문제이다. 이에 금속 입자 기반 전도성 잉크에서는 분산성을 높이기 위하여 첨가제를 사용한다. 주로 하이드록실기(-OH), 카복실기(-COOH), 아미노기(-NH)를 첨

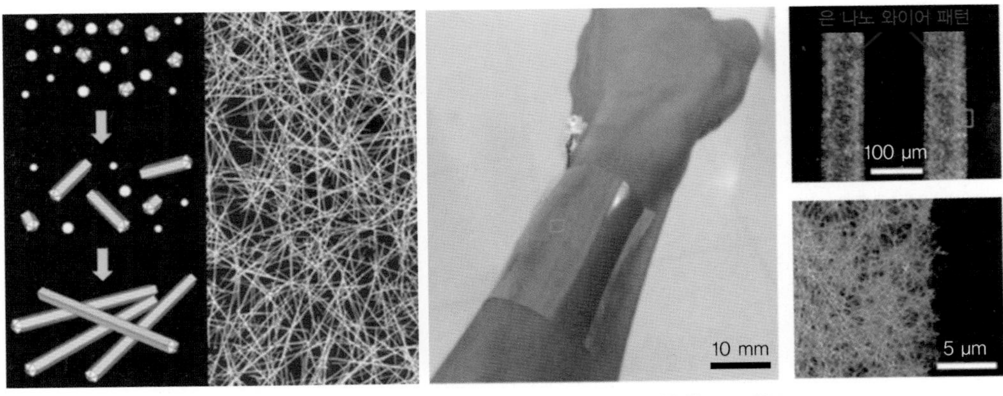

그림 3-13 은 나노 와이어 합성 및 투명 패턴으로 적용한 LED 회로

(출처: Li et al. (2019). Coated-and print patterning of silver nanowires for flexible and transparent electronics. *Npj flexible electronics*, 19.)

가제로 활용하며, 이러한 기능기들이 입자 사이의 입체 반발성을 강화시킴으로써 용매 내에서 금속 입자가 응집되는 것을 막아준다.

은(silver, Ag)

은은 모든 금속 중에서 가장 높은 전기 전도성을 지닌 물질로, 현재 가장 많이 상용화된 재료이다. 은의 전기 전도도는 6.3×10^7 S/m로, 이는 전자들이 물질 내에서 매우 용이하게 이동할 수 있음을 의미한다. 이러한 뛰어난 전기적 성능 덕분에 은은 전도성 잉크의 필수적인 재료로 채택되고 있다. 또한 은은 높은 전도성 외에도 낮은 융점을 가지고 있어 다양한 제조 기술에 적합하며, 특히 온도에 민감한 기판에 인쇄할 때 유리하다.

그러나 은은 값이 비싸 상업적 사용에 큰 제약이 있다. 또한 은 나노 입자는 높은 표면 에너지와 반데르발스 힘, 정전기적 상호작용으로 인해 쉽게 응집될 수 있다. 이를 해결하기 위해 잉크 배합 시 첨가제를 사용하여 입자 간의 이온 결합을 약화시키고, 용매와의 용해도를 향상시켜 응집을 방지하는 방법 등이 사용되고 있다.

은을 기반으로 하는 전도성 잉크는 특히 잉크젯 프린팅과 스크린 프린팅 기술에서

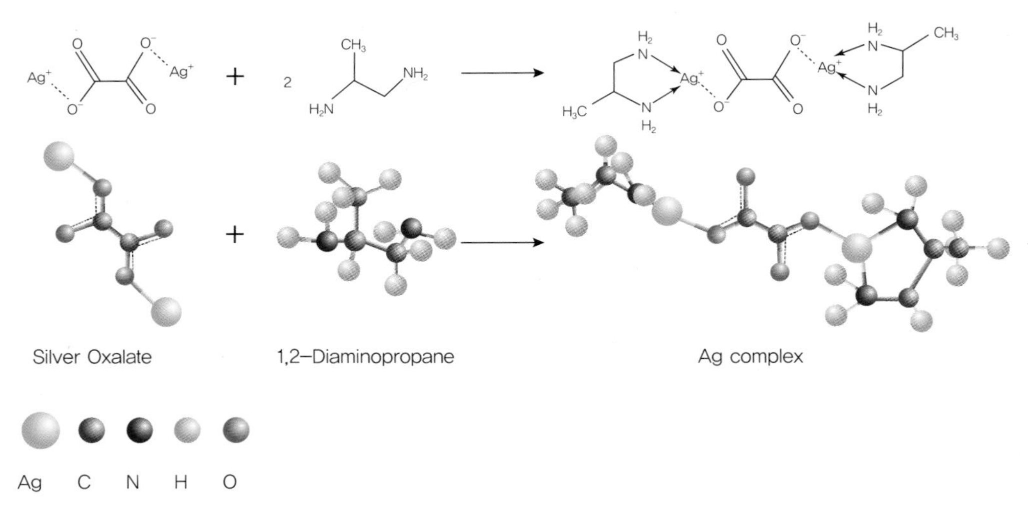

그림 3-14 은 복합체 형성 과정의 개략도

(출처: Li et al. (2020). Conductivity and foldability enhancement of Ag patterns formed by PVAc modified Ag complex inks with low-temperature and rapid sintering. *Materials & Design*, 185, 108255.)

주로 사용된다. 잉크젯 프린팅은 미세한 노즐을 통해 액체 상태의 잉크를 정밀하게 분사하여 원하는 패턴을 형성하는 기술이다. 은 기반 잉크는 뛰어난 전기 전도성과 30~50 nm의 미세한 입자 크기를 통해 복잡한 회로 패턴을 정확하게 인쇄할 수 있어 고해상도의 전자회로와 센서 제작을 가능하게 한다. 스크린 프린팅은 스텐실 혹은

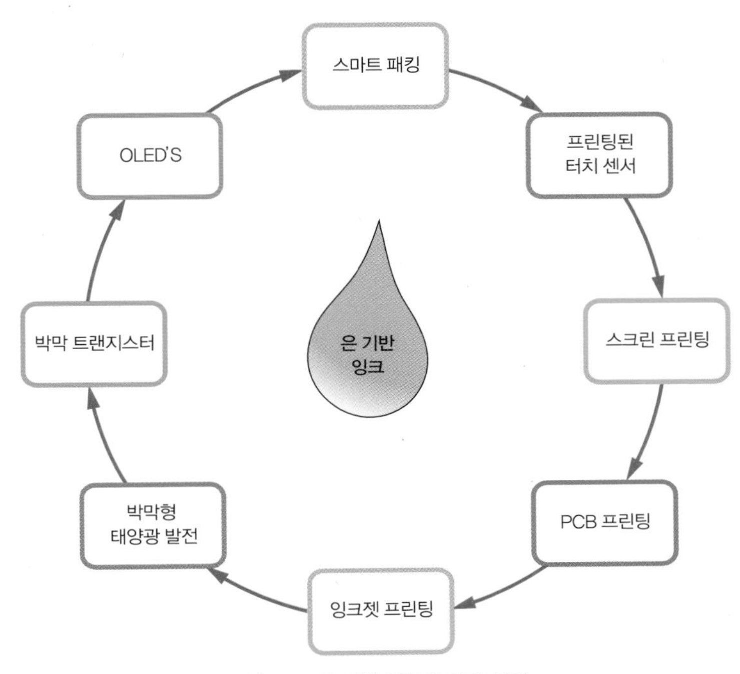

그림 3-15 은 기반 잉크의 응용 분야

(출처: Karthik & Singh. (2015). Conductive silver inks and their applications in printed and flexible electronics. *Rsc Advances*, 5(95), 77760–77790.)

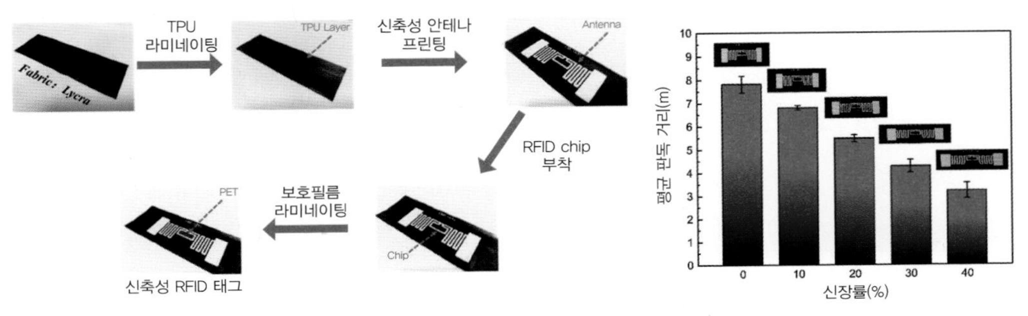

그림 3-16 은 기반 잉크를 활용한 신축성 RFID 태그 제작 공정 및 신장에 따른 평균 판독 거리

(출처: Zhong et al. (2019). Printable stretchable silver ink and application to printed RFID tags for wearable electronics. *Materials*, 12(18), 3036.)

(a) 서기

(b) 걷기

(c) 팔 흔들기

(d) 옷 당기기

그림 3-17 티셔츠에 RFID 태그 부착 후 성능 평가

(출처: Zhong et al. (2019). Printable stretchable silver ink and application to printed RFID tags for wearable electronics. *Materials*, 12(18), 3036.)

마스터를 사용하여 잉크를 기판 위에 직접 인쇄하는 방식으로, 대면적 패턴을 형성하는 데 유리하다. 은 기반 잉크는 스크린 프린팅에 적합한 점도를 가지고 있기 때문에 스크린 프린팅을 통해 두껍고 내구성 있는 도전성 패턴을 형성할 수 있다. 또한 다양한 기판에 적용할 수 있어 전자제품의 회로와 RFID 안테나 등 여러 응용 분야에서 활용되고 있다.

중국 Jiliang 대학의 연구진들은 은 플레이크, 분산제, 불소 고무를 이용하여 탄성력을 갖는 은 기반의 전도성 잉크를 개발하였다. 개발된 잉크를 활용하여 라이크라 섬유 기판에 스크린 프린팅으로 RFID 태그를 제작한 후 티셔츠에 부착하여 신장에 의한 성능 변화를 평가한 결과, 1,000회 이상 반복적인 신장 후에도 6 m 이상의 판독거리를 달성함으로써 은 기반 잉크의 우수한 성능과 내구성을 보여주었다.

구리(copper, Cu)

구리는 높은 전기 전도도와 상대적으로 낮은 비용으로, 은을 대체할 수 있는 전도성 잉크의 재료로 간주된다. 실제 전선 및 케이블 생산에서도 은보다는 구리 와이어가 주로 활용된다. 구리의 전도도는 5.96×10^7 S/m로, 금속 중에서도 상위 수준에 해당한다. 이러한 특성 덕분에 구리는 고가의 금속 나노 입자를 대체할 수 있는 유망한 선택지로 평가된다.

그러나 구리는 산화에 매우 취약하여 공기 중에서 쉽게 산화구리[copper oxide(CuO) 및 cuprous oxide(Cu_2O)]로 변화한다. 이러한 산화반응은 구리의 안정성을 저하시킬 뿐만 아니라 전도성 손실을 가져온다. 따라서 구리 기반 전도성 잉크의 산화 저항성을 개선하는 것은 현재 연구자들이 주목하고 있는 주요 과제 중 하나이다. 이를 해결하기 위해 구리 나노 입자를 코어-셸(core-shell) 구조로 만들어 구리

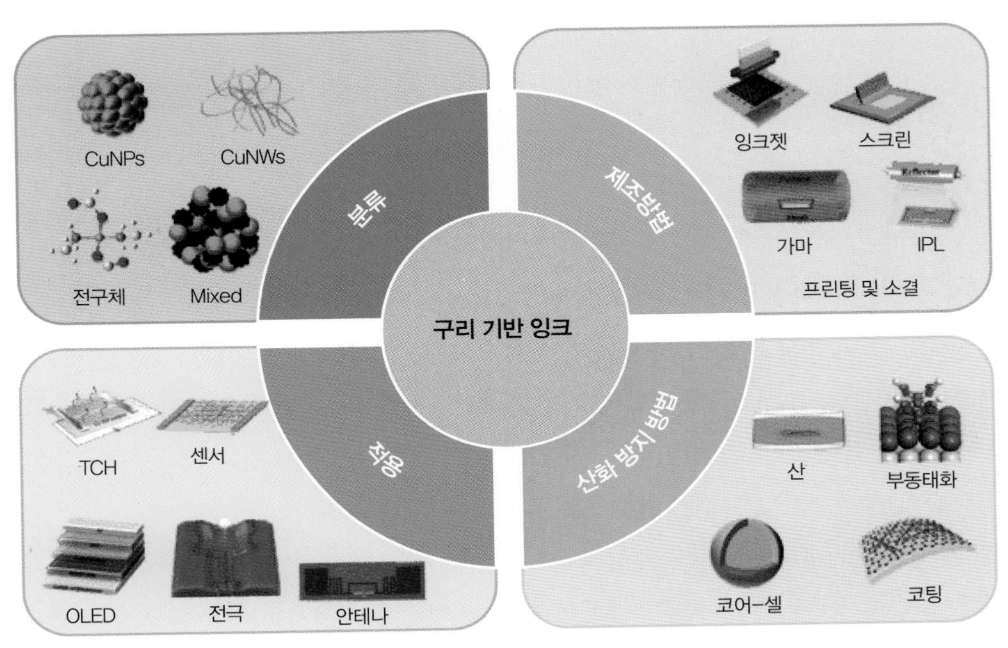

그림 3-18 구리 잉크의 분류, 제조, 산화 방지 방법 및 적용에 대한 개략도

(출처: Zeng et al. (2022). Copper inks for printed electronics: A review. *Nanoscale*, 14(43), 16003–16032.)

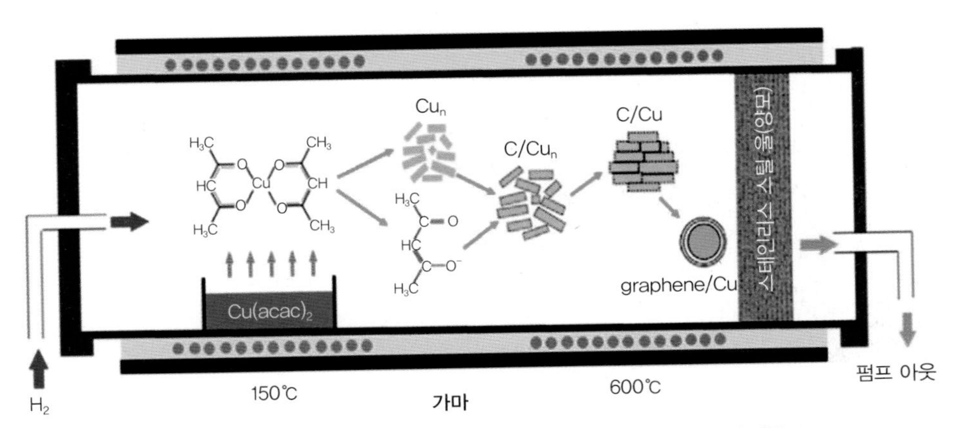

그림 3-19 그래핀 캡슐화 구리 나노 입자 합성에 사용되는 진공 가열로의 개략도

(출처: Karthik & Singh. (2015). Copper conductive inks: Synthesis and utilization in flexible electronics. *RSC advances*, 5(79), 63985–64030.)

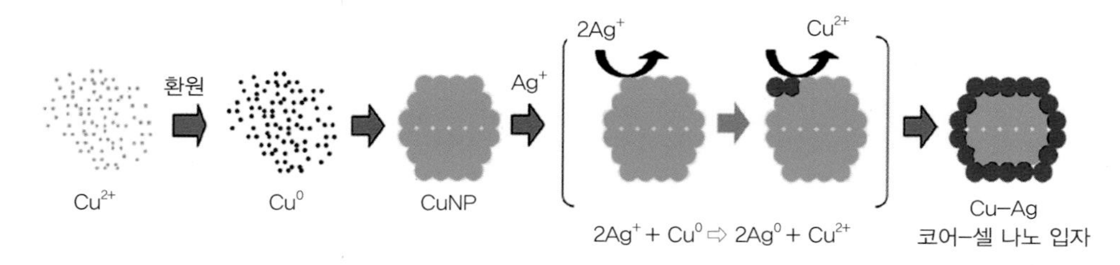

그림 3-20 구리–은의 금속 코어–셀 형성 메커니즘의 개략도

(출처: Karthik & Singh. (2015). Copper conductive inks: synthesis and utilization in flexible electronics. *RSC advances*, 5(79), 63985–64030.)

입자는 코어(core)에 가두고 외부에 보호 셀(shell) 층을 형성함으로써 산화를 방지하는 기술이 시도되었다. 이때 셀(shell) 층 재료로는 무기 산화물(SiO_2, Al_2O_3, ZnO), 금속(Ag, Au, Ni), 그래핀 등이 사용될 수 있다. 특히 은(Ag)과 금(Au)은 전기 전도도가 높고, 산화 저항성이 탁월해 널리 활용된다. 또한 구리 나노 입자에 폴리머 또는 실란 코팅을 적용하여 산화를 방지하는 기술도 연구 중이다. 이러한 코팅은 구리 입자를 외부 환경으로부터 보호하여 전도성을 유지하는 데 기여한다.

이처럼 구리 기반 전도성 잉크는 높은 전도도와 경제성 덕분에 전자회로 및 전자 응용 분야에서 널리 사용되며, 구리의 산화 저항성을 향상시키는 다양한 기술이 지속적으로 개발되고 있다.

이스라엘 Hebrew 대학의 연구진들은 투과성 구리 복합 잉크를 인쇄하여 전자섬유를 개발하였다. 이 잉크는 기존의 입자 기반 잉크와는 달리 용액 기반의 잉크로, 직물에 완전히 침투하여 표면뿐만 아니라 직물 전체에 구리 코팅층을 형성할 수 있다. 이렇게 제작된 전자섬유는 매우 견고하여 1,000회 이상의 신장 후에도 성능 변화 없이 기능이 유지되는 것을 보여주었다. 특히 연구진들은 개발한 잉크를 장갑에 적용하여 웨어러블 성능을 구현함으로써 스포츠웨어용 통합 센서와 헬스케어 모니터링과 같은 신축성 전자섬유의 가능성을 보여주었다.

(a) 미처리 섬유 (b) 섬유에 구리 시드 부착 (c) 전기 도금 1시간 후 섬유 표면

그림 3-21 구리 복합 잉크로 코팅된 섬유의 표면 이미지

(출처: Farraj et al. (2023). E–textile by printing an all–through penetrating copper complex ink. *ACS Applied Materials & Interfaces*, 15(17), 21651–21658.)

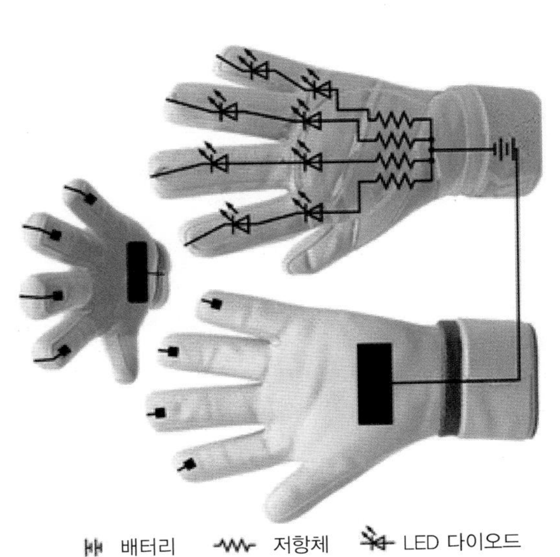

(a) 장갑의 전기회로 설계

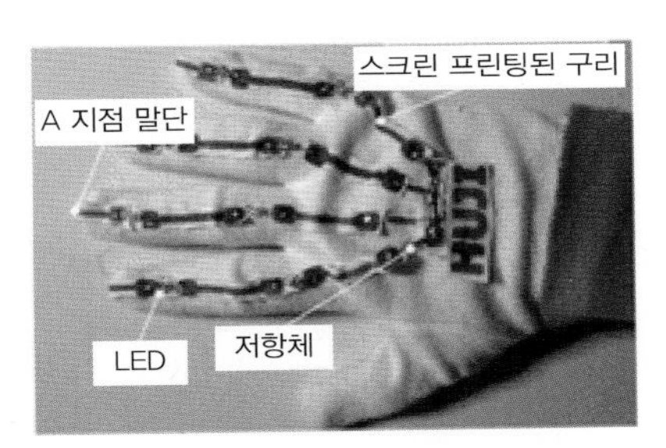

(b) 구리 회로에 납땜된 전기 부품이 포함된 장갑의 윗면

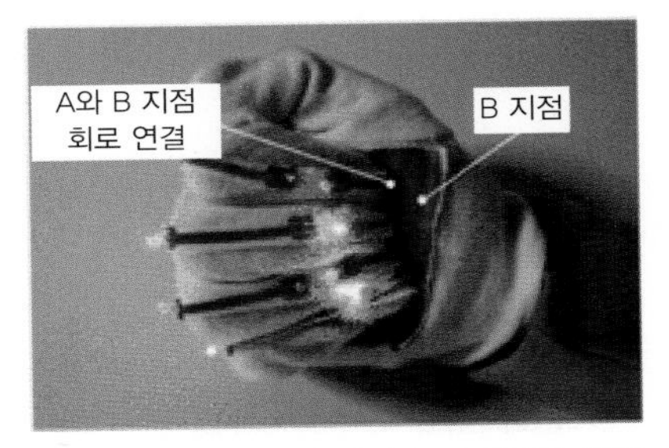

(c) 회로를 닫고 발광 다이오드(LED)를 켜기 위해 지점 A와 B를 연결하는 손을 닫고 있는 모습

그림 3-22 투과성 구리 복합 잉크로 만든 장갑의 전기회로 설계

(출처: Farraj et al. (2023). E–textile by printing an all–through penetrating copper complex ink. *ACS Applied Materials & Interfaces*, 15(17), 21651–21658.)

금(gold, Au)

금은 우수한 전기 전도도뿐만 아니라 특히나 탁월한 화학적 안정성을 가진 금속으로, 전도성 잉크에 적용할 경우 성능의 안정성을 확보할 수 있다는 점에서 유리하다. 금의 전도도는 4.10×10^7 S/m로, 은이나 구리보다는 낮지만 다수의 금속 중에서 상위 수준을 보여 구조 내 전자 이동이 원활하다는 특성이 있다. 특히 금은 부식에 매우 강하고, 공기나 수분 등 환경적 요인에 의해 변질되지 않는다. 이러한 특성 덕분에 금을 사용한 전자제품은 장기간 안정적으로 기능을 발휘할 수 있으며, 산화 및 변성에 의한 우려가 적다. 금의 내구성은 특히 환경적인 스트레스에 노출되는 전자기기나 센서, 인쇄회로기판 등에서 중요한 장점으로 작용한다.

그러나 금의 가장 큰 문제는 다른 금속에 비해 가격이 비싸다는 것이다. 이는 대량 생산이 필요한 응용 분야에서 원가 증가에 따른 가격 경쟁력 하락이 우려되므로 상용화를 제한한다. 또한 금은 밀도가 높아 무게가 중요한 응용 분야에서는 불리할 수 있다. 특히 경량화가 중요한 전자기기나 웨어러블 디바이스 등에서는 금의 높은 밀도

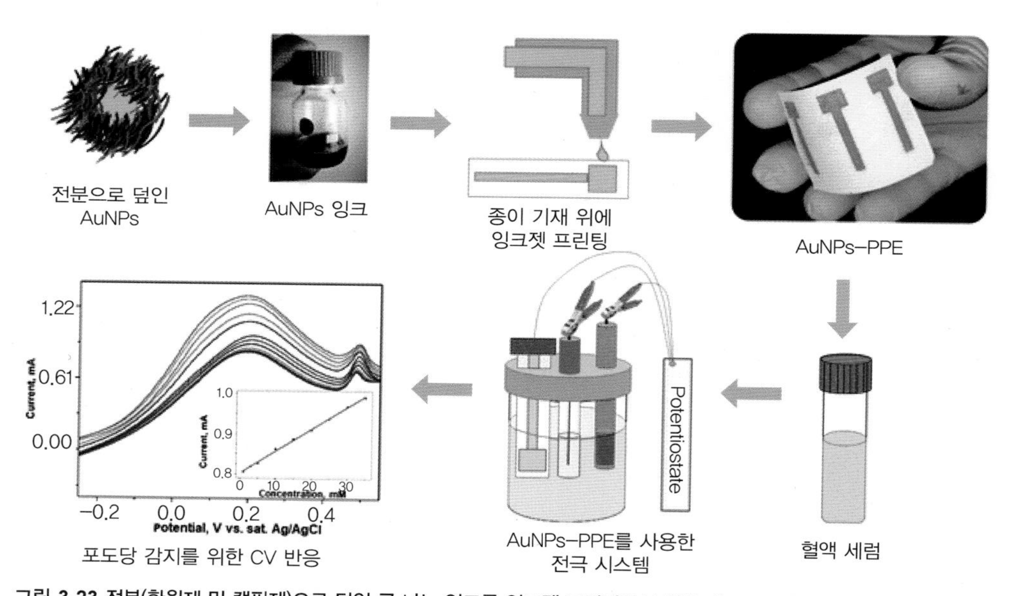

그림 3-23 전분(환원제 및 캡핑제)으로 덮인 금 나노 잉크를 잉크젯 프린팅하여 혈청 내 포도당을 감지하는 종이 전극 제작

(출처: Kant et al. (2021). Inkjet–printed paper–based electrochemical sensor with gold nano–ink for detection of glucose in blood serum. *New Journal of Chemistry*, 45(18), 8297–8305.)

가 단점으로 작용한다. 이러한 특성으로 인해 금 기반 전도성 잉크의 연구와 개발은 주로 고급 응용 분야나 특수한 요구가 있는 분야에서만 이루어지고 있다.

인도의 Pt. Ravishankar Shukla 대학과 NIT Raipur 대학, Banaras Hindu 대학의 연구진들은 혈청 내 포도당 검출을 위한 비효소 전기화학 센서로 금 나노 입자 잉크를 사용한 종이 기반 전극을 개발하였다. 이들은 친환경적으로 합성된 수성 금 나노 입자 잉크를 잉크젯 프린터로 종이 기판에 인쇄하여 전도성 필름을 형성했다. 이 전극은 포도당 산화에 대해 우수한 전기화학적 활성과 넓은 측정 범위를 보여주었으며, 검출 한계는 10 μM이었다. 또한 이 전극은 유연하고 경제적이며 친환경적이라는 장점이 있고, 상업 전극에 비해 효소가 필요 없으며 사용이 간편해 상용화 가능성이 크다.

(2) 고 단량체 공액 고분자(high-molecular conjugated polymer)

고 단량체 공액 고분자는 단일 결합과 이중 결합 또는 삼중 결합이 교대로 배열된 공액 구조(conjugated system)를 가진 고분자로, 구조적 특성에 의해 고분자 사슬을 따라 전기가 흐를 수 있다. 이에 고 단량체 공액 고분자를 전도성 고분자(conductive polymer)라고도 한다.

전도성 고분자 중에서 가장 널리 사용되는 물질은 안정성과 가공성, 전기 전도성이 뛰어난 PEDOT[poly(3,4-ethylenedioxythiophene)]이다. 특히 PSS[poly(4-styrenesulfonate)]와 결합한 PEDOT:PSS는 용매 내 분산이 가능함에 따라 전도성 필름을 제조할 때 많이 활용되고 있다. PEDOT:PSS는 상대적으로 이온 전도도와 비정전 용량이 높아 고분자 혼합 이온 전자전도체로 활용이 가능하다. 이때 PEDOT:PSS는 전해질로부터 이온을 공급받아 가역적으로 변형된 정공을 보유하므로, 유연하고 신축성 있는 소자에 응용할 수 있다.

고 단량체 공액 고분자 기반 잉크는 유연성과 생체 적합성을 제공하면서도 상대적으로 높은 저항성을 가지고 있으며, 이러한 특성 덕분에 배터리, 커패시터, 저항기, 센서 등 다양한 응용 분야에서 활용되고 있다.

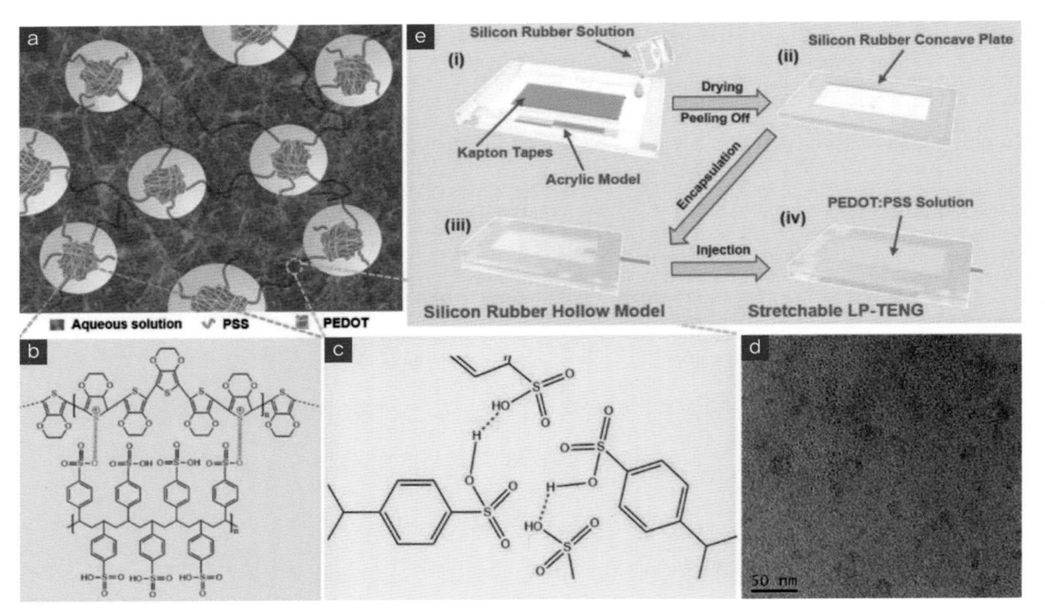

(a) 수용액에 분산된 PEDOT:PSS 겔 입자의 전도성 메커니즘
(b) PEDOT:PSS의 분자 구조
(c) PSS셀 간 HSO_3 그룹의 수소 결합
(d) PEDOT:PSS 필름의 TEM 이미지
(e) 전형적인 압전-마찰 나노 발전기의 제조 과정 도식

그림 **3-24** PEDOT:PSS 전극의 특성 및 제조 공정

(출처: Shi et al. (2019). A liquid PEDOT:PSS electrode-based stretchable triboelectric nanogenerator for a portable self-charging power source. *Nanoscale* 11, 7513-7519.)

폴리아닐린(polyaniline, PANI)

고 단량체 공액 고분자인 폴리아세틸렌(polyacetylene)의 발명으로 전도성 고분자의 시대가 열렸지만, 실용적이고 경제적인 측면에서 폴리아닐린이 더 큰 주목을 받았다. 폴리아닐린은 초기에는 필기용 잉크로 사용되었으나, 1960년대 후반에 마르셀 조제

H
N
HN
n

그림 **3-25** 폴리아닐린의 화학적 구조

포비츠(Marcel Jozefowicz)와 그의 연구팀이 폴리아닐린이 전기 전도성을 지닌 물질이라는 것을 처음으로 밝혀냈다.

폴리아닐린의 고분자 구조는 가역적인 페닐 고리와 질소 기반의 다공액 사슬(poly-conjugated chain)로 이루어져 있다. 이러한 다공액 네트워크의 π-전자구름(π-electron cloud)이 가지는 독특한 편광과 1차원적 특성으로 폴리아닐린은 뛰어난 구조적, 광학적, 전기적 특성을 지닌다. 이로 인해 폴리아닐린은 다중 산화환원 반응(multi-redox reaction)과 높은 전도성(112 S/cm), 높은 비정전 용량, 그리고 뛰어난 유연성을 제공하여 유연한 전자 장치, 에너지 저장 및 변환 장치 등의 다양한 응용 분야에 적합하다.

그러나 폴리아닐린은 독성이 있고, 금속 입자에 비해 전도성이 상대적으로 낮다는 한계가 있다. 이러한 이유로 폴리아닐린을 기반으로 하는 전도성 소재의 상용화는 더딘 상황이다. 그래서 최근에는 폴리아닐린을 활용하여 환경친화적이고 비용 효율적인 방법으로 전도성 섬유를 합성하는 연구들이 진행되고 있다. 또한 폴리아닐린은 단독으로 사용하면 불안정하므로, 탄소나 금속과 같은 다른 물질과 결합시켜 복합 재료로 사용되고 있다. 이러한 복합 재료는 폴리아닐린의 우수한 전기적 특성을 유지하면서도 안정성을 크게 향상시킬 수 있는 방법 중 하나이다.

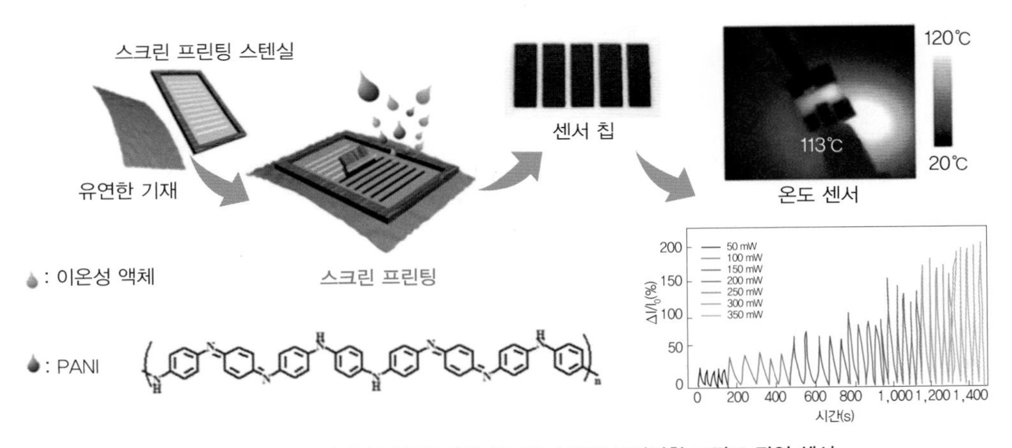

그림 3-26 폴리아닐린/이온성 액체 잉크를 스크린 프린팅한 고감도 광열 센서

(출처: Zhang et al. (2021). Photo-thermal converting polyaniline/ionic liquid inks for screen printing highly-sensitive flexible uncontacted thermal sensors. *European Polymer Journal*, 147, 110305.)

중국 Harbin Engineering 대학의 연구진들은 폴리아닐린과 이온성 액체 잉크를 활용하여 고감도 광열 센서를 개발하였다. 이 잉크는 스크린 프린팅 방식에 도입되어 종이, 면직물, PET 등 다양한 기판에서 우수한 인쇄성을 보였다. 또한 제작된 센서는 근적외선에 매우 민감하며, 다양한 온도에서도 안정적인 감지 성능을 발휘해 광열 감지 및 모니터링 분야에서 응용될 수 있음을 보여주었다.

폴리피롤(polypyrrole, PPy)

폴리피롤은 높은 정전 용량과 우수한 전도성(2,000 S/m), 그리고 뛰어난 산화환원 특성이 있어 에너지 저장 장치, 센서, 바이오 전자기기 등에 널리 사용된다. 또한 합성이 용이하고, 무독성이라는 장점 덕분에 친환경적 측면에서도 우수한 평가를 받고 있다. 특히 폴리피롤은 면, 나일론, PET 등의 다양한 직물에 뛰어난 접착력을 보여준다. 이에 폴리피롤은 전자섬유나 웨어러블 전자기기 등 차세대 기술의 핵심 재료로 떠오르며 스마트 직물 개발에서의 적용 사례가 증가하고 있다.

반면 폴리피롤은 한계점도 명확하다. 폴리피롤은 환경 조건에 따라 물리적·화학적 안정성이 저하되는데, 이러한 불안정성은 상업적 응용에서 걸림돌이 될 수 있다. 따라서 폴리피롤을 다른 섬유 고분자와 혼합하거나, 공중합체를 형성함으로써 안정성을 개선하려는 연구가 활발히 진행 중이다. 이와 같은 복합체는 폴리피롤의 단점은 보완하면서도 그 특유의 전기적 특성은 유지할 수 있어, 더욱 다양한 분야에서의 응용 가능성을 열어주고 있다.

인도 CMR 대학의 바이오 센서 및 나노공학 연구진들은 각 재료의 전도성과 폴리피롤의 감지 성능을 극대화하기 위해 그래핀/폴리피롤/카본 블랙 나노복합체 잉크를 제조하고, 이를 스크린 프린팅 방식으로 종이 기판에 인쇄하여 저렴한 비용의 유연한

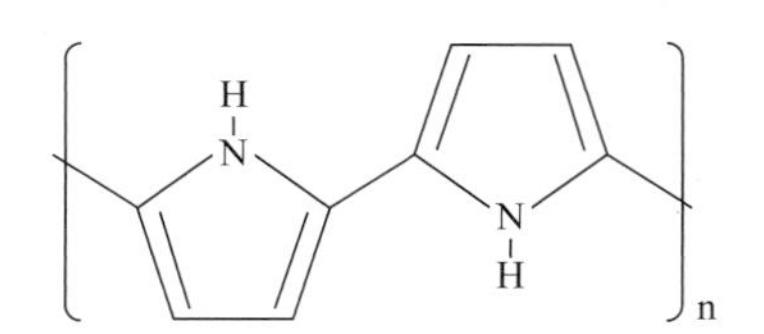

그림 3-27 폴리피롤의 화학적 구조

습도 센서를 개발하였다. 이 센서는 23~92.7 %RH의 습도 범위에서 약 12.2 Ω/%RH의 저항 변화를 나타내어 환경 습도 및 토양 수분 감지에서 좋은 모니터링 성능을 보여주었다. 비록 적용한 종이 기판이 건조한 환경에서만 사용할 수 있다는 한계가 있지만, 여기에 에너지 하베스터와 에너지 저장 시스템을 추가한다면 자율적인 센서 모듈로 활용이 가능할 것으로 기대된다.

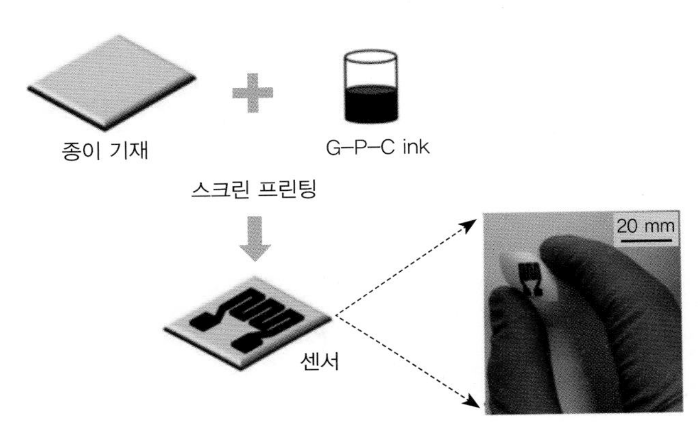

그림 3-28 스크린 프린팅한 그래핀/폴리피롤/카본 블랙 습도 센서

(출처: Parthasarathy. (2023). Graphene/polypyrrole/carbon black nanocomposite material ink–based screen–printed low–cost, flexible humidity sensor. *Emergent Materials*, 6(6), 2053–2060.)

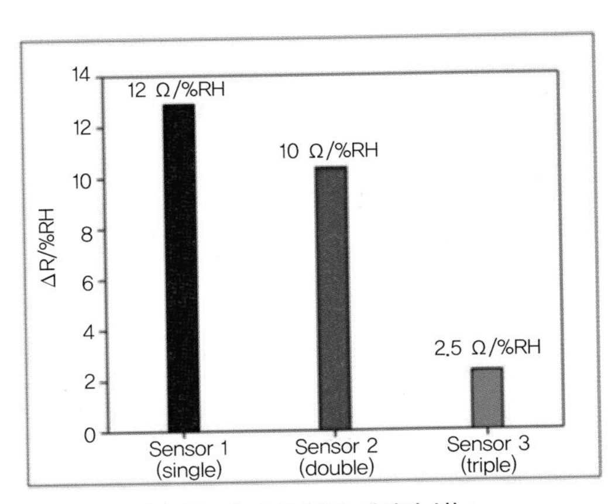

(a) 잉크층 수에 따른 센서의 성능

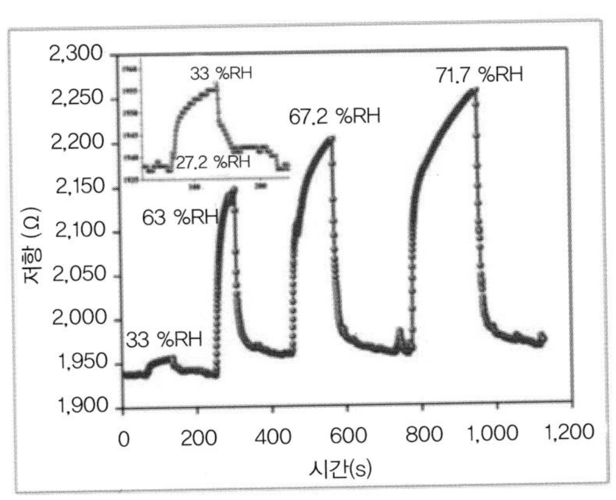

(b) 토양 수분 환경에서의 센서 감지 반응

그림 3-29 그래핀/폴리피롤/카본 블랙 습도 센서의 성능 평가

(출처: Parthasarathy. (2023). Graphene/polypyrrole/carbon black nanocomposite material ink–based screen–printed low–cost, flexible humidity sensor. *Emergent Materials*, 6(6), 2053–2060.)

폴리(3,4-에틸렌디옥시티오펜)[poly(3,4-Ethylenedioxythiophene), PEDOT]

폴리(3,4-에틸렌디옥시티오펜) 또는 PEDOT는 분자 구조 내에 탄소 원자 2개가 산소 원자로 치환된 벤젠 고리와 황 원자가 결합된 티오펜 고리 구조가 연결된 ethylenedioxythiophene(EDOT) 모노머의 공액 고분자이다. 이러한 구조는 고분자 사슬을 따라 전자가 자유롭게 이동할 수 있으므로 전기 전도성이나 광학적 성질이 우수하다. PEDOT의 전기 전도도는 약 300 S/cm 이상으로, 이는 고분자 물질 중에서도 높은 편이다. PEDOT는 높은 전도성과 더불어 안정성, 유연성 등 여러 측면에서 뛰어난 성능을 가지고 있어 플렉시블 디스플레이, 태양전지, 유기 발광 다이오드(OLED), 센서 등 다양한 전자기기와 광학 장치에서 필수적인 재료로 활용되고 있다.

그러나 PEDOT는 물에 용해되지 않는다. 따라서 전도성 잉크로 사용하기에는 분산성에 한계가 있다. 이러한 문제를 해결하기 위해 PEDOT 구조 내에 수용성 고분자 물질인 PSS[poly(4-styrenesulfonate)]를 도입한 PEDOT:PSS를 제조하여 사용한다. PSS는 친수성이 있어 PEDOT의 물에 대한 분산성을 높임으로써 가공성을 향상시킨다. 반면 PSS의 긴 사슬 구조는 PEDOT의 전하 이동을 방해하므로 PEDOT:PSS는 순수한 PEDOT에 비해 전도성이 다소 떨어진다. 따라서 은 나노 입자, 그래핀 등의 전도성 나노 물질을 PEDOT:PSS에 추가하는 2차 도핑 기술을 적용함으로써 낮아진 전도성을 회복 및 향상시킨다.

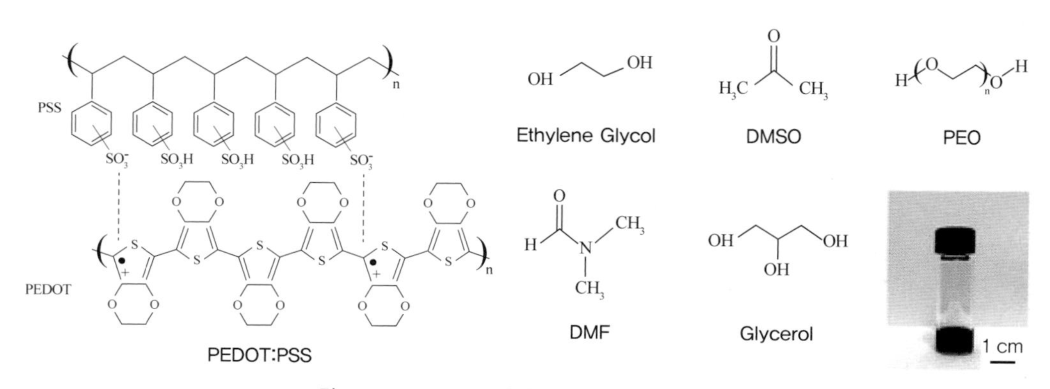

그림 3-30 PEDOT:PSS와 용매의 화학적 구조 및 잉크

(a) PDMS 기판의 잉크젯 인쇄 공정

(b) 이완된 상태와 늘어난 상태

그림 3-31 PEDOT:PSS를 활용한 소프트 센서

(출처: Lo et al. (2021). An inkjet-printed PEDOT:PSS-based stretchable conductor for wearable health monitoring device applications. *ACS Applied Materials & Interfaces*, 13(18), 21693–21702.)

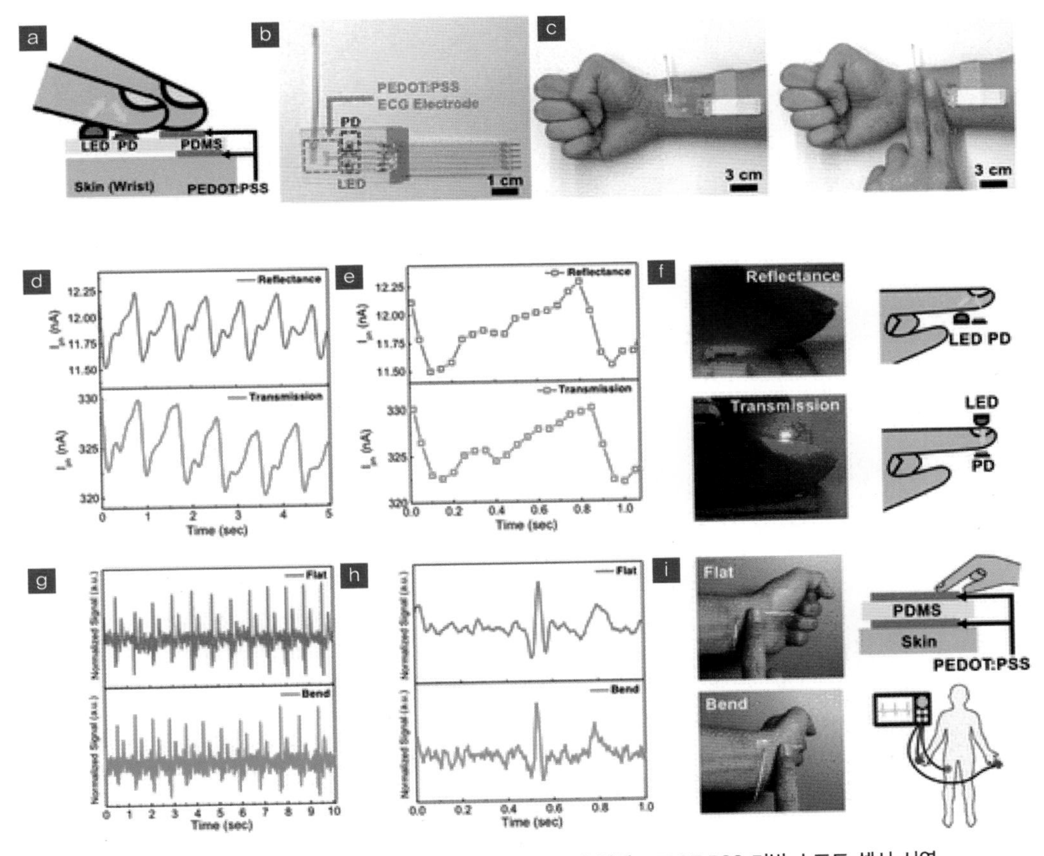

그림 3-32 심전도(ECG) 및 광혈류측정(PPG)용 잉크젯 인쇄 PEDOT:PSS 기반 소프트 센서 시연

(출처: Lo et al. (2021). An inkjet-printed PEDOT:PSS-based stretchable conductor for wearable health monitoring device applications. *ACS Applied Materials & Interfaces*, 13(18), 21693–21702.)

미국 Washington 대학의 연구진들은 잉크젯 프린팅이 가능하고 신축성이 우수한 PEDOT:PSS/PEO 폴리머를 개발하였다. 이를 활용하여 제조된 박막 필름은 84 Ω의 낮은 면저항을 보이며, 최대 50%의 인장과 수천 번의 변형에도 안정적인 전도성을 유지하였다. 이 박막 필름은 디바이스 연결부품(인터커넥트)과 전극으로 활용될 수 있으며, 스마트 헬스 애플리케이션을 위한 초박형 웨어러블 센서 패치를 만들 수 있을 것으로 기대된다.

(3) 액체 금속(liquid metal)

액체 금속이란 액체 상태의 금속, 또는 상온에서 액체인 금속을 말한다. 전도성 잉크에 사용할 수 있는 액체 금속으로는 갈륨, 비스무트, 납, 주석, 카드뮴, 인듐 등의 합금이 있다. 이러한 액체 금속은 기존의 경질 금속의 특성을 가지면서도 상온에서 쉽게 변형되고 늘어나며 부드럽다는 장점이 있다. 특히 3D 프린팅 기술의 발전으로 유연한 웨어러블 디바이스를 제조하는 분야에서 액체 금속에 대한 인기가 증가하고 있다.

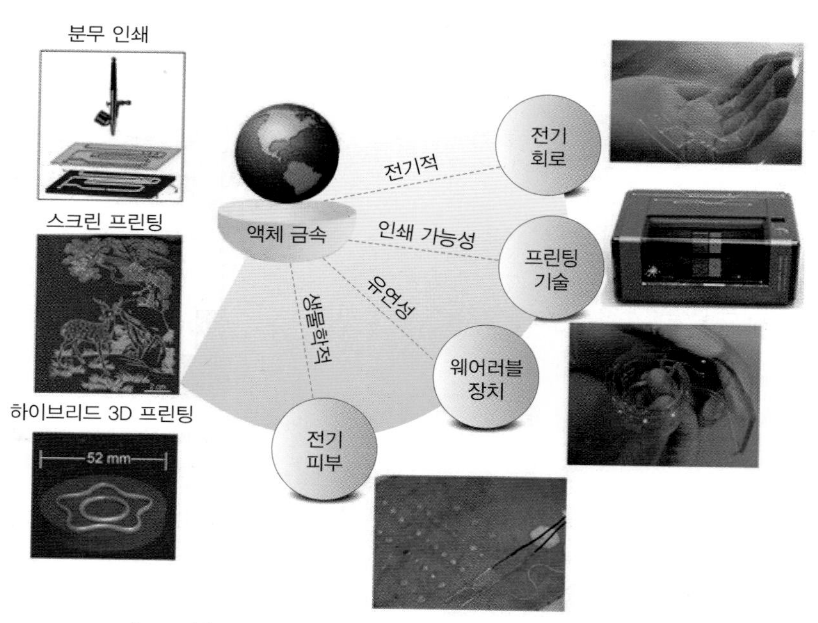

그림 3-33 액체 금속의 특성에 따른 적용 분야 및 기술

(출처: Wang & Liu. (2016). Recent advancements in liquid metal flexible printed electronics: properties, technologies and applications. *Micromachines*, 7(12), 206.)

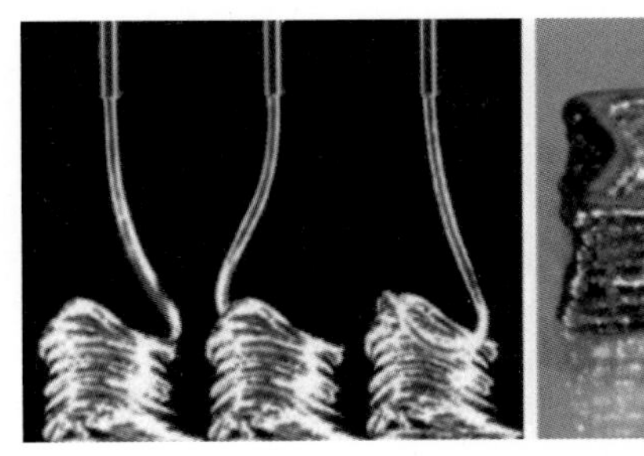
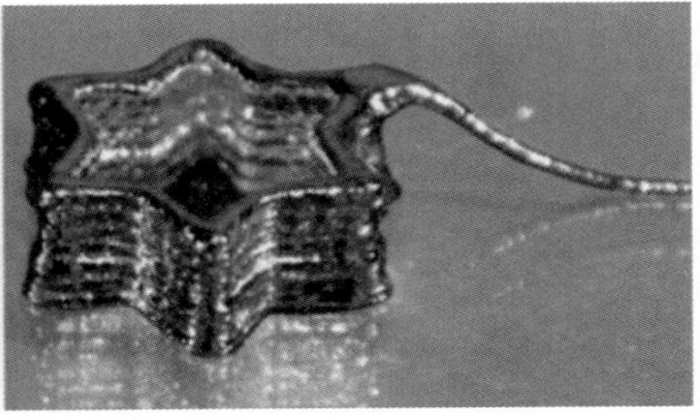

그림 3-34 고탄성 구조와 인쇄성을 가진 금속 페이스트

(출처: Neumann & Dickey. (2020). Liquid metal direct write and 3D printing: A review, *Advanced materials technologies*, 5, 2000070.)

액체 금속은 금속 표면에 1~5 nm 두께의 산화금속층이 이미 형성되어 있어서 별도의 소결(sintering) 공정 없이도 저온에서 마이크로 채널 구조나 중공 등의 특정한 패턴을 적용할 수 있다. 그러나 점도가 매우 낮기 때문에 직접 프린트하기는 어렵다. 낮은 점도를 외력으로 과도하게 압출하였을 경우 누액이 발생할 수 있고 작업성도 떨어진다. 따라서 인쇄성 향상과 이동성 감소를 위하여 은 플레이크나 니켈 나노 입자, 철 입자 등의 첨가제를 추가함으로써 액체 금속의 유변학적 특성을 조절한다.

갈륨(gallium, Ga) 및 인듐(indium, In)

갈륨은 약 30 ℃의 낮은 녹는점을 가지고 있어 실온에서 액체 상태를 유지할 수 있는 금속이다. 특히 물과 유사한 수준의 매우 낮은 점도를 가지고 있어 유체로서의 특성이 뛰어나며, 공기에 노출되었을 때 자연적으로 금속 산화물이 형성된다. 이렇게 금속 표면에 형성된 얇은 산화막(1 nm 이하)은 내부의 액체 금속을 안정화시키는 동시에 충분한 기계적 강도를 제공하여 외부 환경으로부터 내부 금속을 보호하는 역할을 한다. 또한 갈륨은 증기압이 낮아 흡입의 위험 없이 안전하게 취급할 수 있다는 장점이 있다. 이러한 특성 덕분에 갈륨은 다양한 환경에서 안정적으로 사용될 수 있으며, 3D 프린팅, 신축성 있는 전선, 유연한 안테나, 소프트 전극 등 여러 응용 분야에서 유용하다.

더불어 갈륨은 합금을 통해 다른 금속의 녹는점을 낮출 수 있다. 예를 들어 인듐도 녹는점이 낮고 유연성이 우수한 금속이어서 갈륨과 인듐을 합금하면 녹는점이 약

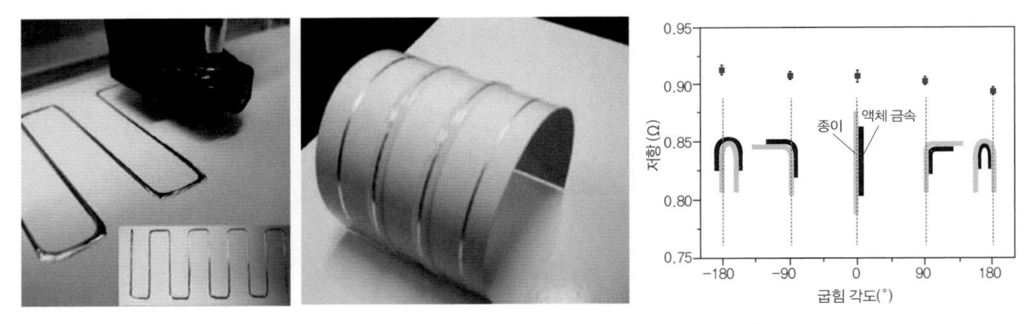

그림 3-35 인쇄된 액체 금속선의 5가지 굽힘 각도에 따른 저항 값

(출처: Zheng et al. (2013). Direct desktop printed-circuits on paper flexible electronics. *Scientific Reports*, 3, 1786.)

15.5 ℃까지 더 낮아지고 유연해져 가공성이 향상된다. 이는 저온 공정에 적합한 성질이므로, 특히 유연하고 신축성이 좋은 전도성 잉크로 활용될 수 있다. 또한 이러한 합금에서 인듐은 부식 저항성을 높여 내구성을 강화하는 역할도 수행할 수 있다.

미국 Purdue 대학의 연구진들은 잉크젯 프린팅을 위한 액체 금속을 연구하였다. 이들은 갈륨과 인듐 나노 입자를 에탄올 용액에 분산시켜 액체상의 금속을 제조하고, 이를 잉크젯 프린팅에 적합하도록 점도를 조절함으로써 필름이나 고무, 직물 위에 적용할 수 있는 잉크로 완성하였다. 개발한 잉크로 프린팅한 전기회로나 기판은 뒤틀림(twisting), 구부림(bending), 늘림(stretching)에도 그 기능이 유지되어 우수한 내구성을 자랑하였다.

한국 KAIST 대학의 연구진들은 3D 프린팅 기술을 활용해 갈륨, 인듐, 주석의 금속 합금인 Galinstan 액체 금속 기반의 유연 압력 센서를 개발하였다. 이 센서는 낮은 검출 한계(≈16 Pa)와 향상된 압력 감도를 가지며, 긴 수명과 높은 안정성을 자랑한다. 특히 웨어러블 손목밴드와 무선 발뒤꿈치 모니터링 시스템으로, 운동 중 맥박 및 혈압을 효과적으로 모니터링할 수 있어 다양한 헬스케어용 애플리케이션에 적용시킬 수 있다.

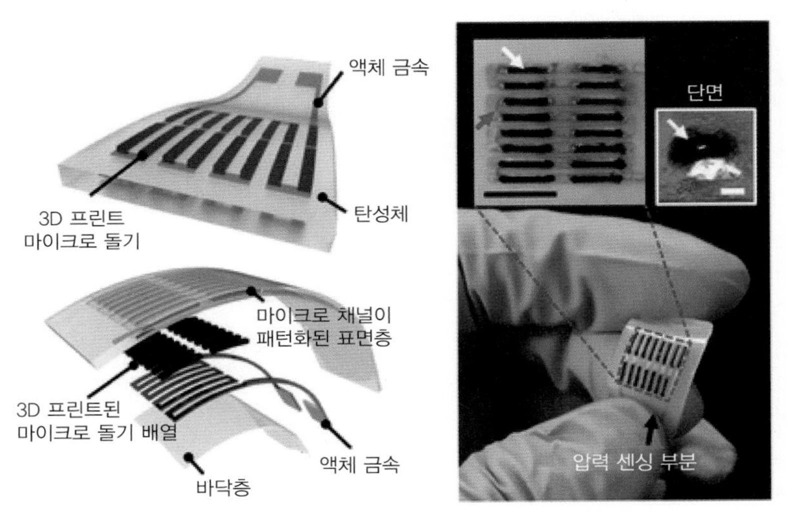

(a) 3D 프린트된 강성 마이크로 돌기와 액체 금속 기반 압력 센서

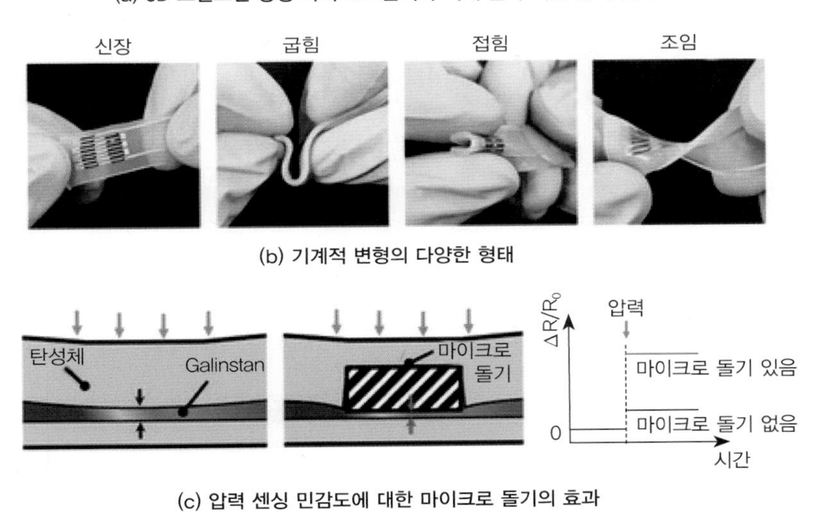

(b) 기계적 변형의 다양한 형태

(c) 압력 센싱 민감도에 대한 마이크로 돌기의 효과

그림 **3-36** Galinstan 액체 금속 기반의 유연 압력 센서의 구조 및 성능

(출처: Kim et al. (2019). Highly sensitive and wearable liquid metal–based pressure sensor for health monitoring applications: integration of a 3D–printed microbump array with the microchannel. *Advanced healthcare materials*, 8(22), 1900978.)

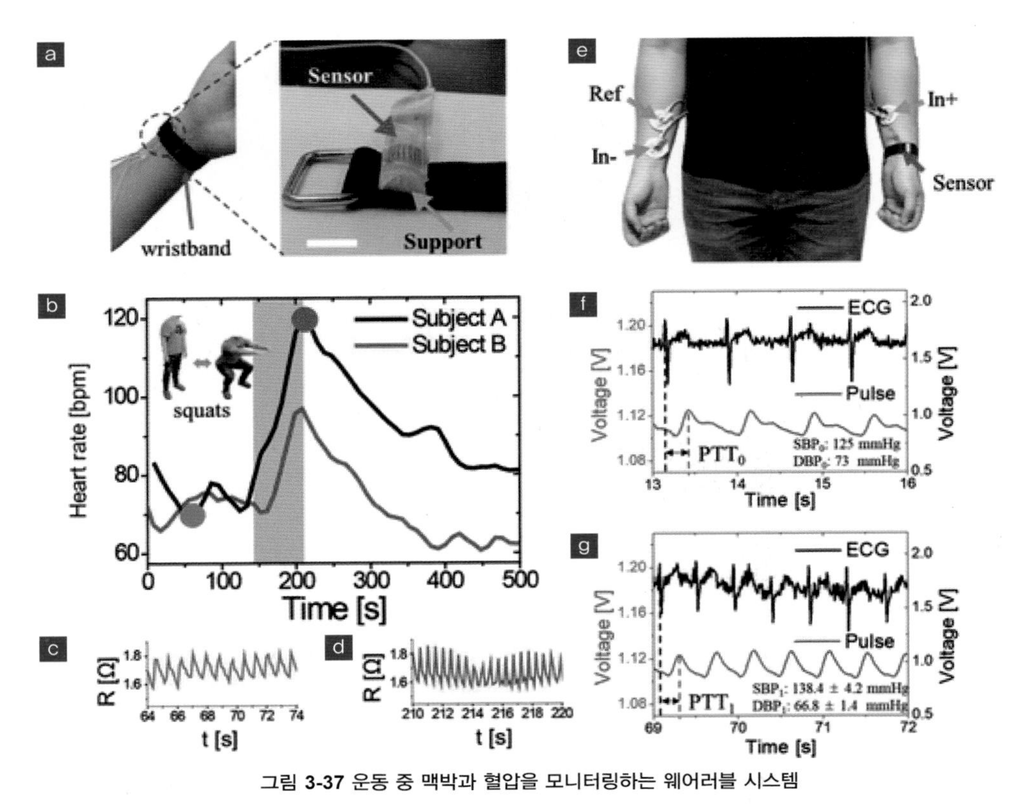

그림 3-37 운동 중 맥박과 혈압을 모니터링하는 웨어러블 시스템

(출처: Kim et al. (2019). Highly sensitive and wearable liquid metal-based pressure sensor for health monitoring applications: integration of a 3D-printed microbump array with the microchannel. *Advanced healthcare materials*, 8(22), 1900978.)

(4) 탄소 기반 전도성 물질(carbon based conductive material)

탄소 기반 잉크는 금속 기반 잉크에 비하여 상대적으로 전도성이 떨어지지만, 저렴한 비용과 대량 생산 가능성, 넓은 표면적과 우수한 화학적 안정성 및 생체 적합성 등의 장점이 있어 많은 분야에서 활용되고 있다. 탄소 기반 잉크는 원료 물질의 기하학적 특성에 따라 그림 3-38과 같이 0D, 1D, 2D, 3D 등으로 구분되며, 세부적으로 카본 블랙과 탄소 나노튜브, 그래핀 등이 포함된다.

카본 블랙(carbon black)

카본 블랙은 전도성 재료로 널리 사용되며, 주로 열 분해 또는 탄화수소 화합물의 불완전 연소를 통해 제조된다. 이 과정에서 생성된 카본 블랙은 10~100 nm 크기의

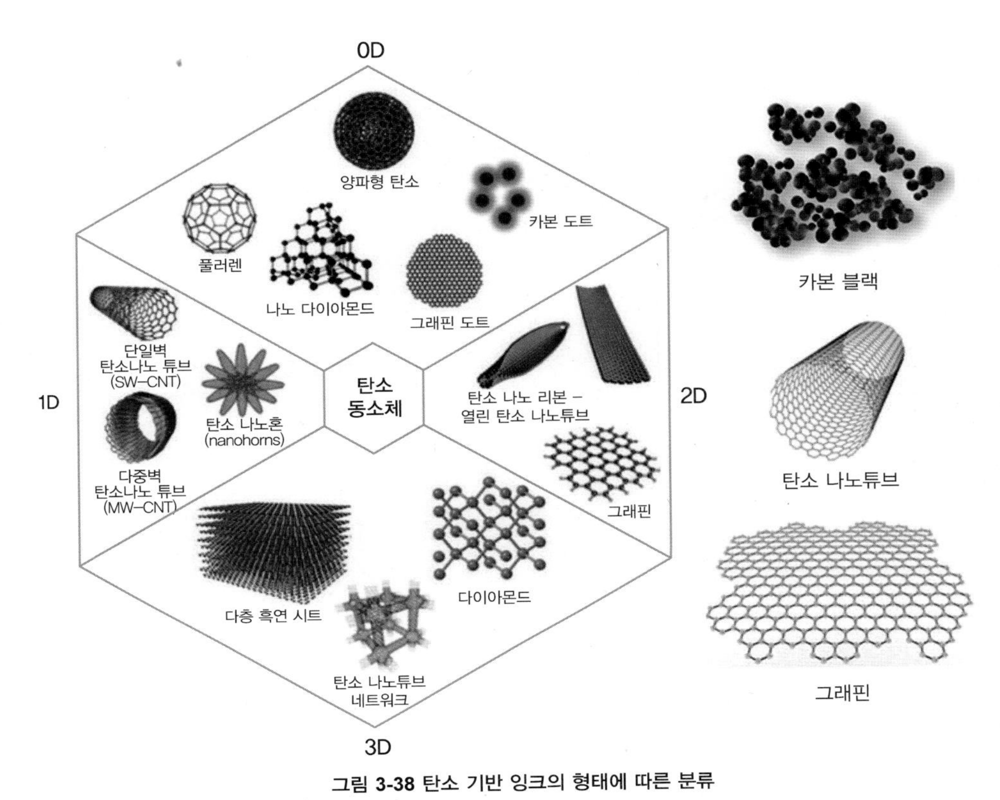

그림 3-38 탄소 기반 잉크의 형태에 따른 분류

(출처: Mahony et al. (2019). Rheological issues in carbon-based inks for additive manufacturing, *Micromachines*, 10, 99.)

구형 입자를 가지며, 작은 입자 크기와 높은 다공성 덕분에 넓은 표면적을 자랑한다. 이러한 특성은 전극의 전하 이동을 개선하는 데 기여하여, 10^{-1}~10^{2} $(\Omega \cdot cm)^{-1}$ 범위의 우수한 전기적 성능을 제공한다.

카본 블랙은 비정질 탄소(amorphous carbon) 형태로 존재하므로, 실리콘 고무(silicone rubber)나 폴리디메틸실록산(PDMS) 등과 혼합하여 전도성 잉크를 제작한다. 이러한 전도성 잉크는 압출 기반 프린팅 기술을 통해 다양한 기판에 인쇄할 수 있으며 전도성 필름, 전기화학적 센서, 에너지 저장 장치 등 다양한 응용 분야에 활용된다.

카본 블랙으로 제작된 전극은 우수한 전기화학적 특성과 더불어 생체 적합성 등의 장점을 가지고 있어 의료 기기와 생체 전자기기에서도 중요한 역할을 한다. 또한 카본 블랙은 비용 효율적인 나노 물질로, 상용화에 적합하다. 그러나 카본 블랙을 사용한

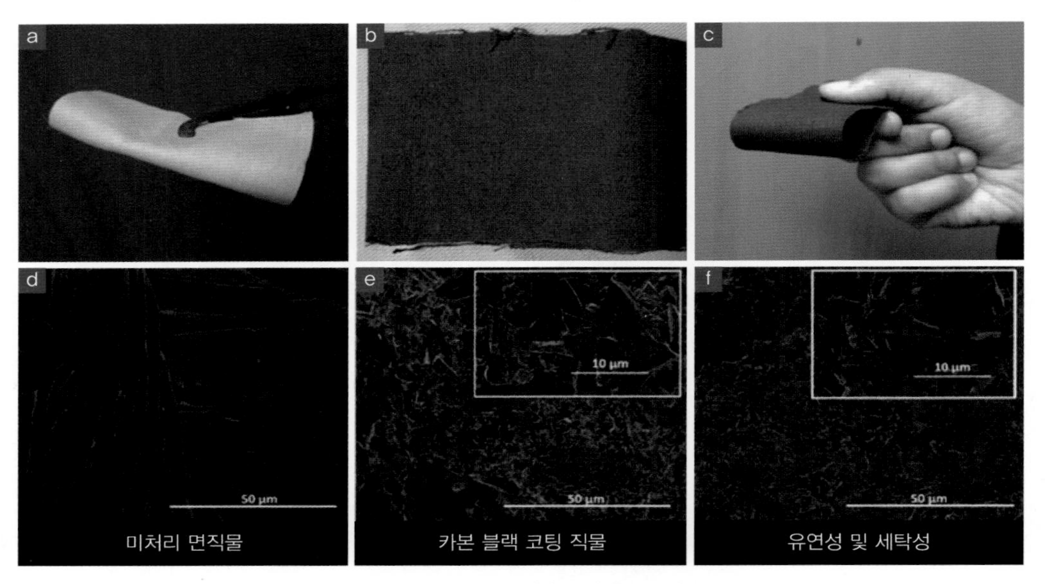

그림 3-39 카본 블랙 처리된 면직물의 외관

(출처: Islam et al. (2019). Fabrication of low cost and scalable carbon–based conductive ink for e–textile applications, *Materials Today Communications*, 19, 32–38.)

잉크는 기본적으로 흑색을 띠기 때문에 투명도나 색상 제어가 필요한 응용 분야에서는 사용이 제한될 수 있으며, 이러한 단점을 보완하기 위해 다른 재료와 조합하거나 대체제를 사용해야 한다.

탄소 나노튜브(carbon nanotube, CNT)

탄소 나노튜브는 sp^2 결합 탄소 원자로 구성된 2차원의 시트 형태로, 벌집 구조의 탄소 기반 물질이다. 탄소 나노튜브의 연구는 일본의 물리학자 이지마(Iijima)에 의해 크게 발전했다. 1991년 이지마는 다중벽 탄소 나노튜브(multi-walled carbon nanotube, MWCNT)를 처음으로 발견했으며, 이 독특한 구조가 가진 뛰어난 전기적 특성 덕분에 탄소 나노튜브는 나노 기술 및 재료 과학 분야에서 큰 관심을 받았다. 그리고 이지마의 발견 2년 후에 그의 연구팀은 단일벽 탄소 나노튜브(single-walled carbon nanotube, SWCNT)를 발견하였고, 이는 이론적 실험과 다양한 응용에 있어 중요한 재료로 주목받았다.

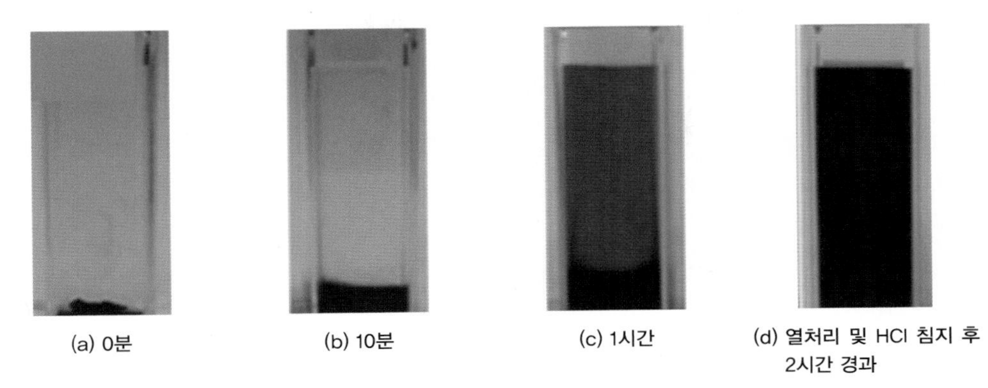

그림 3-40 가용성 단일벽 탄소 나노튜브의 용해성

(출처: Zhang et al. (2019). Printable smart pattern for multifunctional energy-management E-textile, *Matter* 1, 168–179.)

이 두 가지 형태의 탄소 나노튜브는 각각 고유한 특성을 가지고 있는데, 단일벽 탄소 나노튜브는 하나의 그래핀 시트가 튜브 형태로 말린 구조로, 우수한 전기적 특성을 보여준다. 반면 다중벽 탄소 나노튜브는 여러 개의 그래핀 시트가 동심원 형태로 감긴 구조로, 물리적 강도가 뛰어나다는 특징을 가지고 있다. 탄소 나노튜브는 탄소강(carbon steel)보다 100배 더 강하며, 인장 계수가 높아 원래 길이의 거의 5배까지 늘어날 수 있다. 단일벽 탄소 나노튜브의 전기 전도도는 10^2~10^6 S/cm에 이르며, 다중벽 탄소 나노튜브는 10^3~10^5 S/cm의 전기 전도도를 가진다.

다만 탄소 나노튜브를 전도성 잉크의 재료로 활용하기에는 몇 가지 해결해야 할 문제가 있다. 가장 큰 과제 중 하나는 탄소 나노튜브의 분산성이다. 탄소 나노튜브는 큰 표면적과 높은 전자 밀도를 갖고 있지만, 용액 내에서 쉽게 분산되지 않는다. 이를 해결하기 위해 이온성 액체, PSS, 폴리아닐린 등의 계면활성제를 첨가하여 분산성을 개선하는 연구가 진행된 바 있다. 또는 때때로 그래핀 및 고분자 복합재와 함께 혼합하여 압출 기반 프린팅에 적합한 잉크로 활용되기도 한다.

그래핀(graphene)

그래핀은 탄소의 동소체 중 하나로, 탄소 원자들이 2차원적으로 육각형 패턴을 이루며 배열된 단층 구조를 가지고 있다. 이 독특한 구조는 흑연, 탄소 나노튜브, 풀러렌 등 다른 탄소 동소체의 기본 요소로 작용한다. 그래핀은 단층 구조로 구성될 수도 있으며, 여러 층으로 쌓아 다층 그래핀을 형성할 수도 있다. 그래핀은 물리적, 화학적 특성 덕분에 전도성 잉크의 재료로서 매우 유망한 소재로 평가받고 있다. 이론적으로 그래핀은 높은 비표면적(2,600 m^2/g), 탁월한 생체 적합성, 강력한 기계적 강도(130

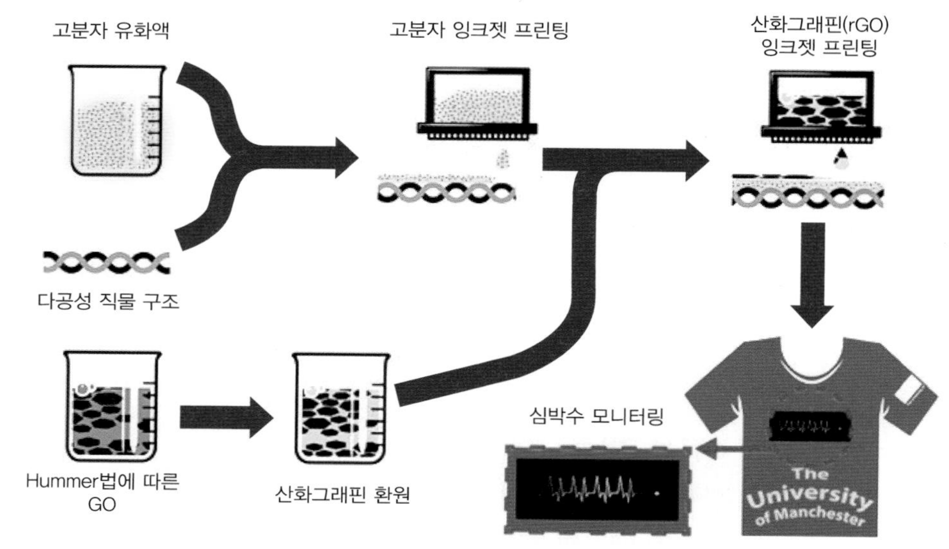

그림 3-41 그래핀-은 나노 입자 기반 복합 잉크 제조 과정

(출처: Karim et al. (2017). All inkjet-printed graphene-based conductive patterns for wearable e-textile applications. *Journal of Materials Chemistry C*, 5(44), 11640-11648.)

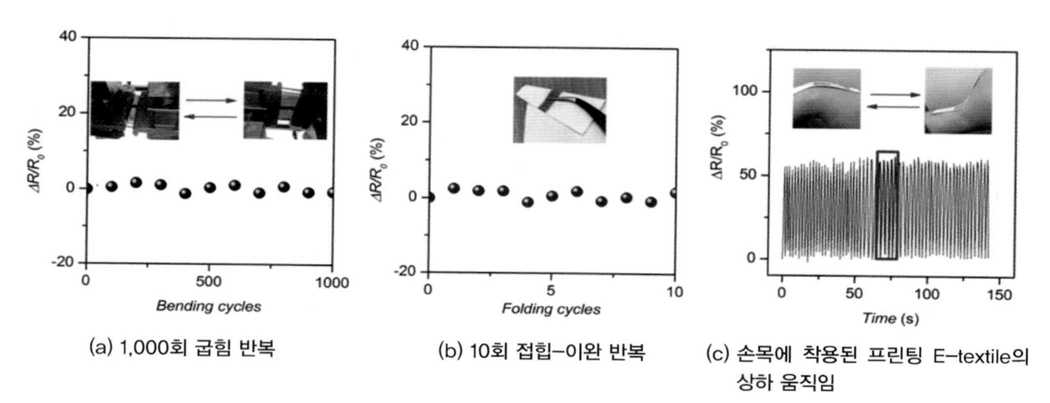

(a) 1,000회 굽힘 반복

(b) 10회 접힙-이완 반복

(c) 손목에 착용된 프린팅 E-textile의 상하 움직임

그림 3-42 그래핀-은 복합 잉크가 인쇄된 웨어러블 전자직물의 전기 저항 변화

(출처: Karim et al. (2017). All inkjet-printed graphene-based conductive patterns for wearable e-textile applications. *Journal of Materials Chemistry C*, 5(44), 11640-11648.)

GPa), 우수한 열 전도도(3,000 W/m·K), 높은 전하 이동도(230,000 $cm^2/V\cdot s$)를 자랑한다. 이러한 특성들은 전자 이동이 빠르고 전도성이 뛰어나며 기계적 강도가 우수한 소재로서 그래핀의 잠재력을 보여준다. 특히 그래핀은 큰 변형에도 탄성을 유지하며, 스스로 재정렬이 가능하다는 이점을 갖고 있다. 또한 그래핀은 낮은 전압에서도 전하의 이동이 가능하다.

그러나 이러한 특성을 최대한 활용하기 위해서는 다른 탄소 기반 전도성 물질과 마찬가지로 용매 내에서 그래핀을 효과적으로 분산시켜야 한다. 이에 따라 그래핀 잉크를 제조할 때, SDS나 PVA 등의 계면활성제나 첨가제를 사용하여 그래핀을 안정적으로 분산시키면 스프레이 코팅이나 스크린 프린팅 시 적절한 유동성을 확보할 수 있다.

영국 Manchester 대학의 연구진들은 고가의 은 나노 입자 기반 잉크를 대체하기 위하여 그래핀을 활용한 잉크를 개발하였다. 다만 환원된 산화그래핀(rGO)으로는 전도성에 한계가 있어 pristine 그래핀을 사용하되, 전도성을 위하여 은 나노 입자를 일부 포함하는 복합재의 형태로 제조하였다. 연구진에 의하면 개발된 잉크는 잉크젯 프린팅 방식으로 회로 및 센서 인쇄가 가능함에 따라 유연한 전자제품 개발에 적용할 수 있으며, 특히 웨어러블 전자직물 제조 시 재료의 낭비를 줄일 수 있다.

3.4 전도성 잉크 제품 현황

전도성 잉크는 프린팅 기반 전자제품 시장의 판도를 가늠하는 가장 중요한 요소이며 3D 프린팅, 잉크젯 프린팅 등의 다양한 기술과 제품으로의 적합성 및 안정성, 저온 소성 능력으로 향후 프린팅 전자산업 성장에 핵심 요인으로 작용할 것으로 전망된다.

전 세계 전도성 잉크 시장은 제품 종류에 따라 은 기반 잉크, 폴리머 잉크, 탄소 나노튜브 잉크, 탄소 및 그래핀 잉크, 유전체 잉크, 구리 잉크로 분류된다. 이 중 은 기반 잉크가 약 35%로 가장 높은 점유율을 나타내었으며 폴리머 잉크, 탄소 나노튜브 잉크, 탄소 및 그래핀 잉크 순으로 시장을 점유하고 있다.

전자섬유 및 웨어러블 디바이스에 적용하기 위한 전도성 잉크는 전도성뿐만 아니라 신축성도 중요한 조건이기 때문에 스트레치성이 있는 전도성 잉크의 개발도 활발하게 이루어지고 있다. 이러한 신기술이 적용된 잉크는 유연한 전자기기, 센서, 스마트 의류 등 다양한 응용 분야에서 중요한 역할을 할 것으로 예상된다. 또한 환경친화적인 재료와 공정에 대한 요구가 높아짐에 따라, 재활용이 가능하고 생분해성이 있는 잉크 개발 또한 전도성 잉크 시장에서 중요한 주제로 떠오르고 있다. 이러한 기술적 진보는 전도성 잉크의 적용 범위를 더욱 확장시키고, 지속 가능한 프린팅 기반 전자 산업의 발전에 기여할 것으로 기대된다.

현재 전도성 잉크 시장의 주요 4대 기업으로 DuPont(미국), Henkel AG(독일), Heraeus(독일), Sun Chemical Corporation(미국)이 있으며, 이 기업들이 세계 전도성 잉크 시장의 절반 이상을 점유하고 있다.

DuPont, Microcircuit and Components Materials(미국)

DuPont 社는 자회사인 Microcircuit and Components Materials(MCM)를 통하여 다양한 기능성 전도성 잉크를 개발하고 있다. 이들은 2022년에 전기 전도성 잉크 및 페이스트 브랜드 Micromax™를 론칭하여 기존의 GreenTape, Heatel, Intexar, Fodel을 포괄하는 독자적인 라인으로 확장하였다.

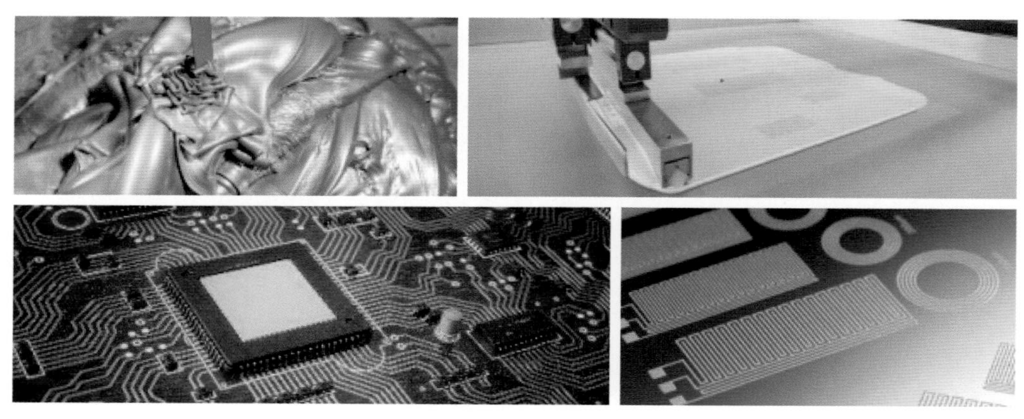

그림 3-43 유연한 기판용 Micromax™

(출처: https://www.celanese.com/products/micromax)

프린트 전자기기 및 회로용 잉크는 저온에서 경화되어 폴리에스터나 유리, 세라믹 등 다양한 기재에 사용이 가능하다. 활용 분야 및 특성에 따라 금, 은, 은/염화은, 구리, 탄소, 유전체 등 다양한 전도성 물질을 선택할 수 있으며, 디지털 프린팅이 가능한 페이스트와 같은 실용적인 제품 라인도 보유하고 있다. 또한 웨어러블 솔루션으로서 신축성이 우수하고 세탁이 가능한 Micromax™ Intexar™ 라인도 운영 중이다.

현재 프린팅용 잉크로는 PE825, PE826, PE410과 Intexar™ 라인의 PE671, PE672, PE773, PE874, PE876, 탄소 기반의 7102 및 7105 등의 제품을 선보이고 있다. 이들은 웨어러블 전자기기에 적용할 수 있는 전도성 잉크 제품으로, 기존 제품과 비교하여 우수한 전도성을 가지고 있고, 인쇄 헤드에서의 안정성과 접착성을 자랑하며, 60 ℃의 저온에서도 경화가 가능한 것이 특징이다.

표 3-1 MCM의 Micromax™ 제품 라인

제품	적용 분야	성분	기능
PE825	• 프린팅 전자기기	은 복합재	• 은 함량이 낮은(37%) 회로
PE826	• 프린팅 전자기기	은 복합재	• 은 함량이 낮은(18%) 회로
PE410	• 프린팅 전자기기	은	• 잉크젯 프린팅을 위한 높은 전도성의 은 나노 물질
PE671	• 웨어러블	탄소	• 신축성이 있고 세척 가능한 프린팅
PE672	• 웨어러블	탄소	• 히터용 낮은 탄소 PTC
PE773	• 웨어러블	유전체	• 신축성이 있고 세척 가능한 캡슐화 재료
PE874	• 웨어러블	은	• 신축성이 있고 세척 가능한 전도체 • 매우 우수한 신장 회복력
PE876	• 웨어러블	은	• 신축성이 있고 세척 가능한 전도체 • 매우 우수한 세탁 내구성
7102	• 이온 선택 센서 • 프린팅 전자기기	탄소	• 폴리카보네이트 기판에 대한 우수한 접착력 • 높은 전도성 탄소 조성 • 고온 안정성
7105	• 바이오 센서 • 프린팅 전자기기	탄소	• 높은 내마모성 • 높은 안정성 • 낮은 저항성 탄소 • 생물의학 응용 분야에서의 높은 활동성

(출처: https://www.celanese.com/products/micromax)

Henkel AG & Co. KGaA(독일)

Henkel 社는 PCB, 반도체 패키징 및 솔더링과 같은 전자부품에 사용하는 전도성 잉크 및 코팅제를 공급하는 기업이다. Henkel 社는 Ablestik®, Loctite®, Acheson®이라는 3가지 라인의 전도성 잉크 브랜드를 보유하고 있으며, 이들은 가구, 자동차, 의료, 웨어러블 디바이스 등의 용도로 활용된다.

Loctite®는 30년 넘게 이어져 온 전도성 잉크 브랜드이다. 은, 탄소, 유전체 및 투명 전도성 잉크로 포트폴리오가 구성되어 있으며, 주로 멤브레인 터치 스위치를 위한 회로 제작, 데스크톱 및 노트북 PC용 키보드, 발열체, 자동차 센서, 바이오 센서, 비접

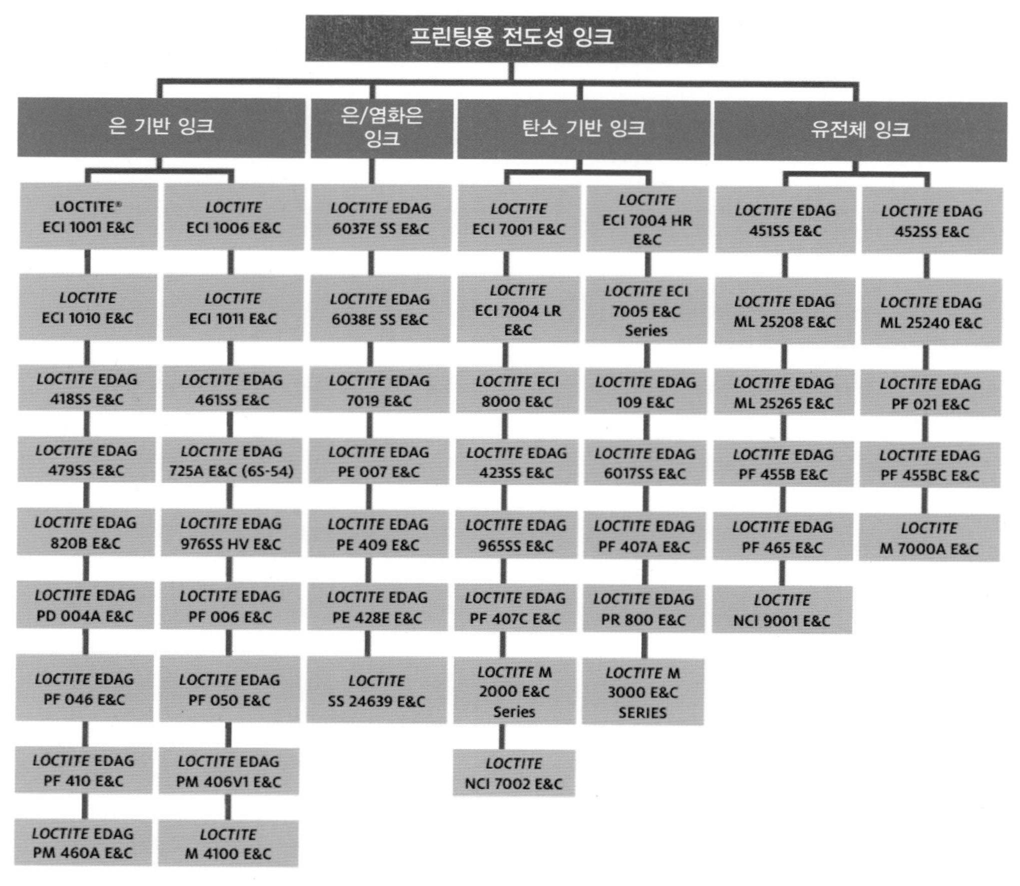

그림 3-44 Henkel 社의 Loctite® 전도성 잉크 브랜드 라인
(출처: Henkel Printed Electronic Inks and Coatings 브로슈어)

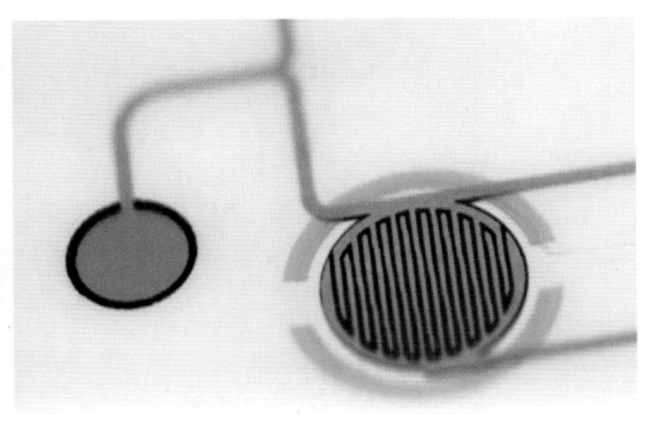

그림 3-45 은 기반 잉크 및 탄소 기반 잉크의 적용 사례
(출처: Henkel Printed Electronic Inks and Coatings 브로슈어)

촉식 스마트 카드, RFID 라벨용 안테나, 터치 스크린, 조명, 인쇄회로기판 및 가전제품 제조에 적용된다.

은은 모든 금속 중 전기 전도성 및 열 전도성이 가장 뛰어나므로 Henkel 社에서도 은을 전도성 잉크 중 가장 기초적인 물질로 사용하고 있다. 은은 특정한 수지와 결합하면 유연성, 주름 방지 및 장기간의 사용성 확보가 가능하므로 다양한 응용 분야를 위한 UV 및 용매 제제로 제조된다.

반면 탄소 기반 잉크는 일반적으로는 은 기반 잉크를 보완하여 윤활성을 제공하고, 은 표면을 보호하며, 은 입자의 이동을 방지하는 목적으로 사용된다. 또한 기능적으로 저항을 높이거나 저항을 조절해야 할 때에 탄소 기반 잉크를 사용하면 적절한 수준을 맞출 수 있다. Henkel 社에서 제공하는 탄소 기반 잉크는 PET 필름, 종이, 멤브레인, 강성용 인쇄회로기판용 제품 등에 사용된다.

Heraeus Holding GmbH(독일)

Heraeus 社는 전자, 화학, 자동차, 통신 산업을 포함한 다양한 산업에서 사용되는 재료를 제조 및 판매하는 기업으로, 신흥시장 진출에 중점을 두고 사업을 전개 중이다. 특히 지난 2016년 한국 제조기업과 전자 및 반도체 시장용 특수 화학 제품을 제조 및 판매하기 위한 협력 계약을 체결하고, 공격적인 판로 개척을 추진하고 있다.

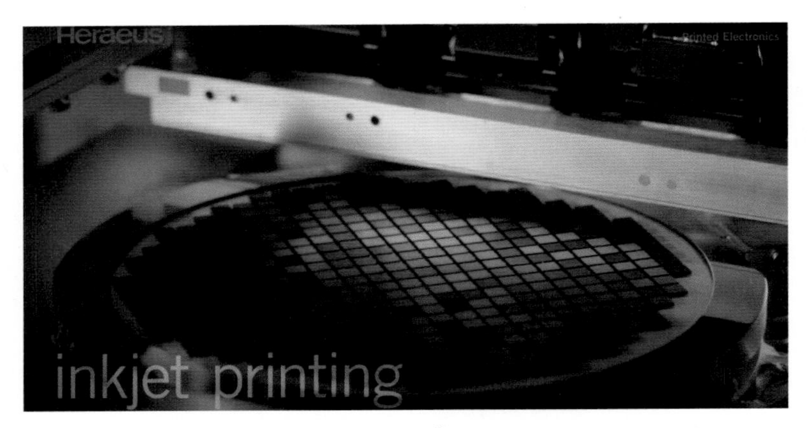

그림 3-46 EMI 차폐를 위한 Prexonics® 시스템 솔루션(잉크젯 프린팅)

(출처: https://www.youtube.com/watch?v=Q1xh8hiRJm4)

이들이 개발 중인 전도성 잉크 제품으로는 PEDOT 기반 잉크, 그래핀 잉크, 유기금속제 잉크 등이 있다. PEDOT 기반 잉크는 정전기에 민감한 전자부품의 손상을 방지하기 위한 목적으로 활용되고 있으며, 그래핀 잉크의 경우 응집 없이 고분자 수지 내에서 안정적인 분산을 이루고 있는 것이 특징이다. 반면 유기금속제 잉크는 저온에서 높은 전도성을 띠며, 접착성과 소결성이 있어 가공이 용이하다는 것이 강점이다.

Heraeus 社의 Prexonics® 제품은 입자가 없는 금속 잉크로, 고정밀 인쇄 전자제품을 위한 혁신적인 친환경 솔루션으로 주목받고 있다. 이 잉크는 금속 유기 분해(Metal-Organic Degradation, MOD) 기술을 기반으로 하여, 전통적인 입자 기반 잉크에서 발생하는 노즐 막힘 등의 문제를 없애고, 매끄럽고 균일한 금속층을 형성한다. 특히 친환경성이 중요한 특징으로, 기존 코팅 방법보다 화학 물질 사용을 줄이고 에너지 소비를 대폭 낮춰 환경에 미치는 영향을 최소화하였다. 이에 Prexonics® 잉크는 고도로 정밀한 패턴 재현이 가능해, 소형화된 전자부품이나 EMI 차폐, 안테나 인쇄 등 복잡한 응용 분야에서도 탁월한 성능을 발휘한다. 또한 재료 효율성이 뛰어나 폐기물과 비용을 절감할 수 있으며, 대량 생산이 가능한 확장성을 갖추고 있어 반도체 및 전자 산업에서 지속 가능한 제조 공정의 핵심 제품으로 자리 잡고 있다.

Sun Chemical Corporation(미국)

Sun Chemical 社는 SunTronic이라는 제품명으로 전자 분야에서 전도성 잉크를 생산하고 있다. 이 전도성 잉크는 인쇄 전자 및 광전지 응용 분야에서 사용된다. 또한 OLED 패널, RFID, 인쇄 안테나, 터치 스크린 디스플레이 생산을 위해 저온 소결 전도성 잉크인 나노실버 잉크(EMD 5800)를 출시하여 라인을 확장하고 있다.

특히 신축성이 있는 웨어러블 디바이스를 위하여 스크린 프린팅이 가능한 은 또는 탄소 기반의 전도성 잉크를 공급하고 있다. 이는 100% 신장 조건에서도 우수한 안정성과 유연성을 가지는데, 이러한 안정성은 수용성 기반의 캡슐화된 구조와 UV 경화로 인한 결과로 해석된다. Sun Chemical 社는 이 잉크를 유연한 회로, 바이오 센서, 신축성 재료, 안테나 등에 활용할 수 있다고 소개하고 있다.

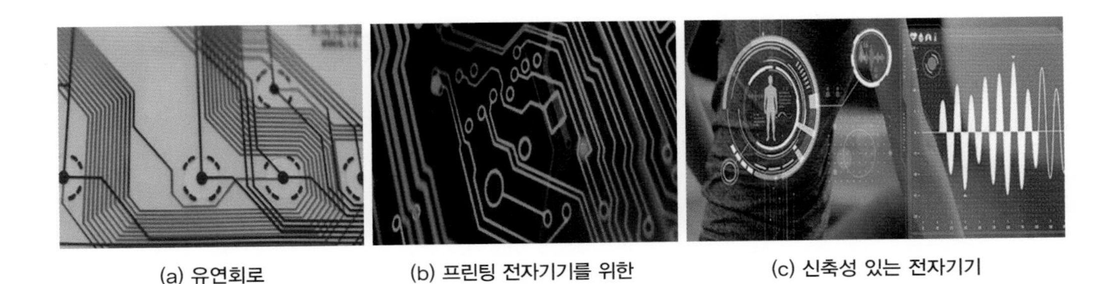

(a) 유연회로 (b) 프린팅 전자기기를 위한 SunTronic 라인 (c) 신축성 있는 전자기기

그림 3-47 Sun Chemical 社의 프린팅용 잉크의 적용 범위

(출처: https://www.sunchemical.com/product/electronic-materials)

3.5 잉크 선택 시 고려사항

전도성 잉크를 선택할 때는 그림 3-48과 같이 분산성, 접착성, 광학적 특성, 점탄성 등 잉크 고유의 특성과 기재의 표면 거칠기, 표면 에너지 등의 물리적 특성, 그리고 프린팅 후 소성 온도 및 시간 등의 후처리 변수 등을 종합적으로 살펴보아야 한다.

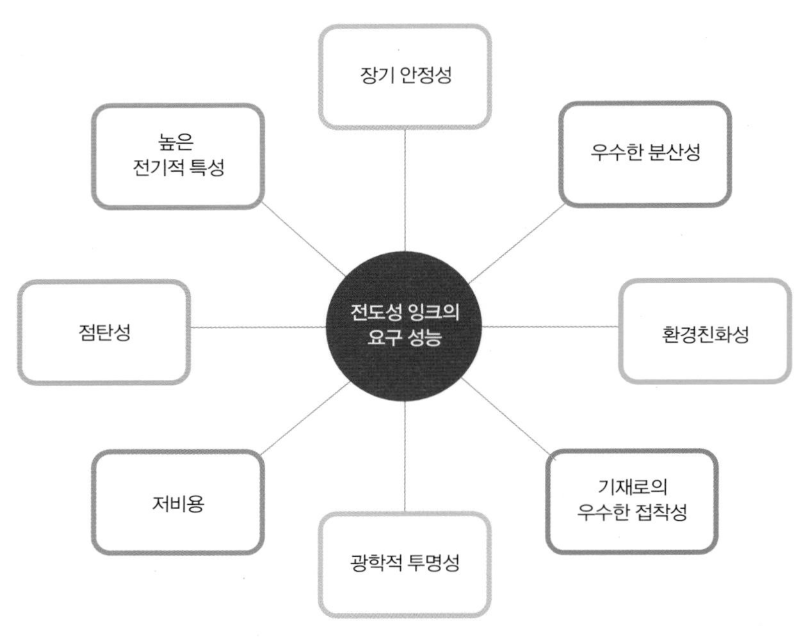

그림 3-48 전도성 잉크 선택 시 고려사항

(출처: Htwe & Mariatti. (2022). Printed graphene and hybrid conductive inks for flexible, stretchable, and wearable electronics: Progress, opportunities, and challenges. *Journal of Science: Advanced materials and devices*, 100435.)

앞서 살펴보았듯이 프린팅 기술에 따라 적정한 점도의 잉크가 다르므로 잉크의 점탄성은 성공적인 프린팅 작업을 위한 핵심 요소라고 할 수 있다. 이는 기판에서 잉크의 유동성과 상호작용에 영향을 주는 요소이다. 잉크의 점탄성은 점도(viscosity)로 평가하며, 점도는 전단속도(shear rate)에 대한 전단응력(shear stress)의 비율로 계산한다. 잉크 자체에서 용매 내 전도성 필러 물질의 분산성 및 용해성도 매우 중요한 고려사항이다. 따라서 필요시에는 첨가제를 활용하여 분산성 및 안정도를 향상시킬 수 있다. 예를 들어 아미노기나 하이드록실기가 있는 첨가제의 경우, 전도성 필러 물질 표면으로의 부착이 가능하여 용매와의 상호작용을 강화하고 분산성을 제공할 수 있다.

전도성 잉크의 표면 장력과 분산된 전도성 필러 입자의 모양 및 크기도 프린팅 기술의 선택과 프린팅 후 품질에 영향을 미치므로 사전에 반드시 확인해야 할 고려사항이다. 잉크의 표면 장력은 잉크가 기재를 얼마나 잘 침윤시키는지를 결정하며, 이는 잉크의 분산 상태와 인쇄 품질에 큰 영향을 미친다. 일반적으로 물 기반 잉크(물

표 3-2 각 프린팅 기술에 허용되는 표면 장력 및 최대 입자 크기

프린팅 기술	표면 장력(mN m^{-1})	최대 입자 크기
그라비아(Gravure)	41~44	최대 15 μm 미만, 3 μm 미만 권장
오프셋(Offset)	30~37	최대 10 μm 미만, 1 μm 미만 권장
플렉소그래피(Flexography)	28~38	최대 15 μm 미만, 3 μm 미만 권장
스크린(Screen)	30~50	메쉬 공극의 1/10 수준 이내, 100 nm 미만 권장
잉크젯(Inkjet)	25~50	노즐 직경의 1/100 수준 이내, 50 nm 미만 권장
에어로졸(Aerosol)	10~30	노즐 직경의 1/10 수준 이내, 초음파 분무(ultrasonic atomization) 시 50 nm 미만 권장, 공압 분무(pneumatic atomization) 시 500 nm 미만 권장
레이저 전사(Laser Induced Forward Transfer, LIFT)	25~35	자율성이 크지만 100 nm 미만 권장
nScrypt	20~40	노즐 직경의 1/10 수준 이내
마이크로펜(MicroPen)	20~50	노즐 직경의 1/100 수준 이내

(출처: Dimitriou & Michailidis. (2021). Printable conductive inks used for the fabrication of electronics: An overview. *Nanotechnology*, 32(50), 502009.)

표면 장력 73 mN m^{-1})는 표면 장력이 높아 기판에 잘 퍼지지 않으므로 인쇄 품질이 떨어질 수 있다. 반면 비극성 용매를 사용한 잉크(예: 에틸알코올 표면 장력 24 mN m^{-1})는 표면 장력이 낮아 기판에 잘 퍼져 인쇄에 유리해 보이지만, 오히려 침윤성이 커서 의도한 형태를 구현하기 어려울 수 있다. 따라서 잉크의 표면 장력은 기판의 표면 에너지와 비교하여 적절히 조절되어야 하며, 선택한 프린팅 기술에 따라 표면 장력 값을 고려해야 한다. 또한 잉크의 농도와 온도도 표면 장력에 영향을 미치므로 인쇄 성능에 중요한 역할을 한다.

전도성 필러의 나노 입자 모양과 크기 또한 잉크의 전도도와 인쇄 품질에 큰 영향을 미친다. 나노 입자는 구형, 나노 와이어, 나노섬유 등 다양한 형태가 있으며, 형태에 따라 전도도와 패킹 밀도가 달라진다. 구형 입자는 안정적인 분산과 높은 전도도를 제공하지만, 나노 와이어와 나노섬유가 높은 패킹 밀도를 가지므로 더 높은 전도도를 제공한다. 입자 크기가 작을수록 잉크의 점도와 안정성이 높아지고, 입자 크기

와 분포가 균일할수록 전도성이 향상된다. 특히 전도성 잉크에서는 나노 입자의 모양과 크기가 소결 온도와 전도성에 큰 영향을 미치므로, 적절한 입자 형태와 크기를 선택하는 것이 중요하다.

이외에도 전자섬유 용도의 전도성 잉크는 전기적 성능과 내구성 측면에서 최소한의 요구사항들을 만족해야 한다. 우선 전기적인 특성이 우수해야 하며, 각종 프린팅 기술에 응용할 수 있도록 적절한 점탄성을 갖춰야 한다. 또한 용매 내 분산성이 안정적으로 오랜 기간 유지되어야 하며, 기재가 되는 직물이나 필름, 기판 등과의 접착력이 있어야 한다. 그리고 작업자가 안전해야 하므로 사용하는 물질 중 자극이나 독소로 작용하는 물질의 유무를 확인하고 관리해야 한다. 또한 광학적으로 투명하고, 비용이 저렴해야 한다.

그러나 안타깝게도 현재 전도성 잉크에 대해 명확한 산업 표준이나 평가 기준은 없는 상황이다. 이에 제조사가 자체적으로 실험하고 평가하여 그 결과를 바이어와 소비자에게 제공하고 있다. 따라서 이제는 소비자의 안전과 제품의 품질 유지 및 신뢰성 확보를 위해 프린팅 공정 및 재료에 대한 표준과 기준이 구비되어야 할 시점이다.

MEMO

CHAPTER

04

스크린 프린팅을 활용한 전자섬유 제작

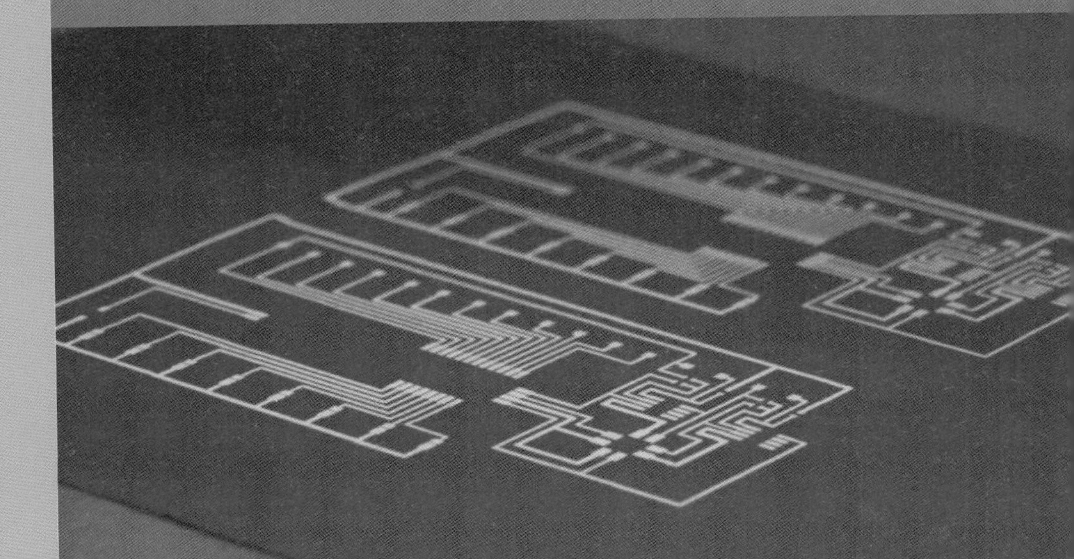

4.1 스크린 프린팅 장비의 구성

본 교재에서 전자섬유 제작에 사용할 스크린 프린팅 장비의 구성은 회로 또는 전극을 디자인하기 위한 응용 프로그램과 인쇄용 스크린을 제조하기 위한 디지털 스크린 메이커, 실제 전도성 잉크를 활용하여 프린팅을 진행하는 스크린 프린터, 그리고 건조를 위한 IR 건조기이며, 그 형태는 그림 4-1과 같다.

그림 4-1 스크린 프린팅 장비의 구성

디지털 스크린 메이커(digital screen maker)

디지털 스크린 메이커는 인쇄를 위한 스크린 제조에 활용된다. 본 교재에서 사용하는 디지털 스크린 메이커(GOCCOPRO QS2536, Riso Kagaku Corporation, 일본)의 구조는 그림 4-2와 같다.

해당 디지털 스크린 메이커는 건열 방식에 기초하여 스크린을 제조한다. 구체적으로 이 디지털 스크린 메이커는 열가소성 필름이 라미네이팅된 섬유형 메쉬를 활용하며, 회로 디자인에 따라 인쇄 영역의 필름만 레이저를 조사하여 녹여냄으로써 해당 영역에만 잉크가 통과하도록 마스터를 준비할 수 있다. 이러한 과정은 스크린 제조를 위한 별도의 수세나 건조 등의 처리가 필요 없어 에너지와 물을 절감할 수 있고, 저렴하면서도 빠르게 스크린 제조가 가능하다는 것이 장점이다.

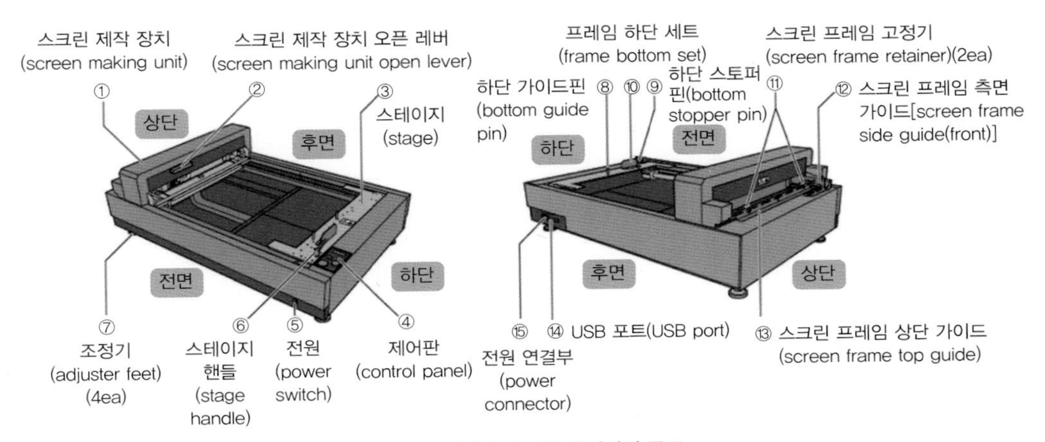

그림 4-2 디지털 스크린 메이커의 구조

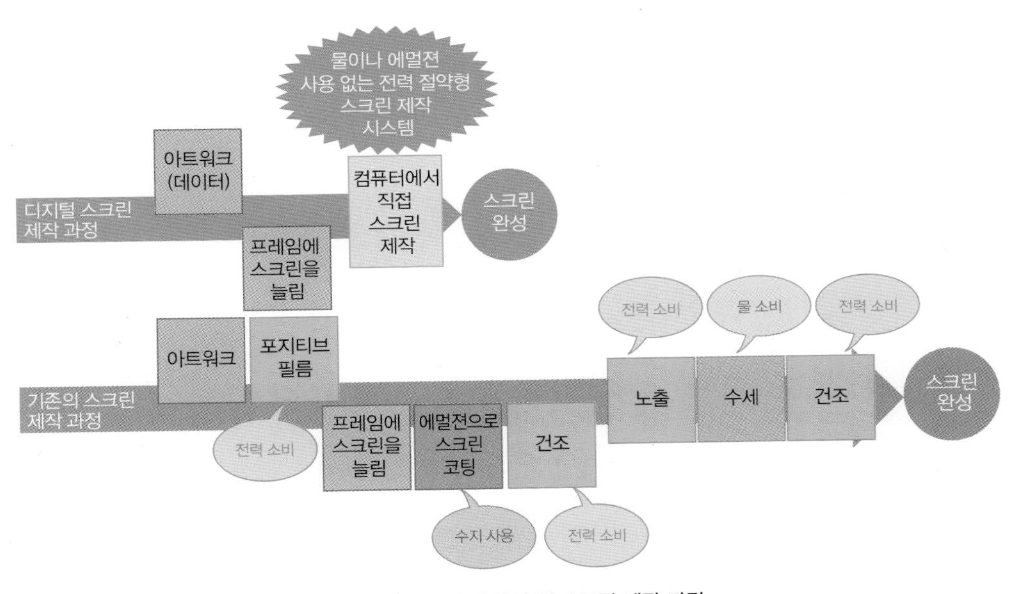

그림 4-3 Riso 社의 건식 열 스크린 제작 과정

본 장비를 통하여 제작 가능한 스크린의 크기는 최소 590 × 310 mm에서 최대 653 × 914 mm이며, 적용 가능한 이미지는 이보다 작은 10 × 10 mm에서 최대 455 × 734 mm이다. 이때 이미지의 해상도는 600 dpi 이상이어야 한다. A2 크기를 기준으로 스크린 제조 시간은 약 200초이다.

스크린으로 사용하는 마스터 필름의 메쉬 크기에 따라 인쇄물의 품질은 달라진다. 일반적으로 고밀도의 메쉬를 사용할수록 윤곽선이 명확하고, 의도하는 색상의 인쇄 결과물을 얻을 수 있다. 다만 잉크의 점도에 따라 잉크가 메쉬를 통과하지 못하거나 이물질에 의해 메쉬가 막히는 문제가 발생할 수 있으므로 사용할 잉크의 특성에 따라 메쉬의 밀도를 선정해야 한다.

본 장비에 사용할 수 있는 스크린 마스터는 Riso 社의 Riso digital screen QS master이다. 해당 제품 라인은 단위면적당 메쉬 개수에 따라 50p, 70p, 100p, 120p, 135p, 180p, 200p, 225p, 250p, 270p, 300p의 총 11종이 있으며, 이 중 70p, 120p, 200p이 표준 제품이다. 직물을 기재로 한다면 수분산 잉크는 70p, 100p, 120p까지만 사용이 가능하고, 플라스티졸(plastisol) 타입의 잉크는 점도가 높아 50p을 제외한 모든 타입의 마스터 필름을 사용할 수 있다. 전도성 잉크의 경우에는 대부분 점도가 높기 때문에 마스터 필름의 제한은 비교적 적을 것으로 예상된다.

표 4-1 마스터 필름의 종류별 표면 밀도

70p	120p	200p
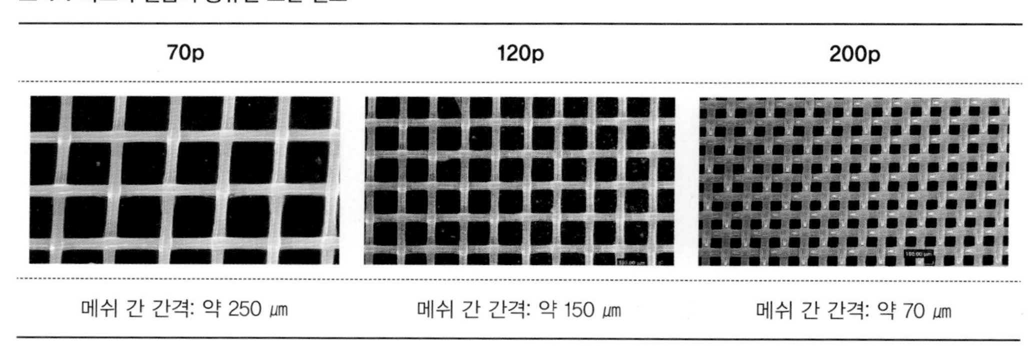		
메쉬 간 간격: 약 250 ㎛	메쉬 간 간격: 약 150 ㎛	메쉬 간 간격: 약 70 ㎛

스크린 프린터(screen printer)

스크린 프린터는 디지털 스크린 메이커로 만든 인쇄용 공판을 장착하여 섬유 원단을 포함한 다양한 기재 위에 프린팅하기 위한 장비이다. 심미성과 장식성의 목적이 큰 일반적인 날염과 달리, 전자섬유를 위한 프린팅 공정은 보통 1종의 전도성 잉크를 사용하여 회로나 전극을 인쇄하므로 1도 인쇄로 진행된다. 본 교재에서 사용하는 스크린 프린터(SP5080EP, SOSIN, 중국)의 외관 및 구조는 그림 4-4와 같다.

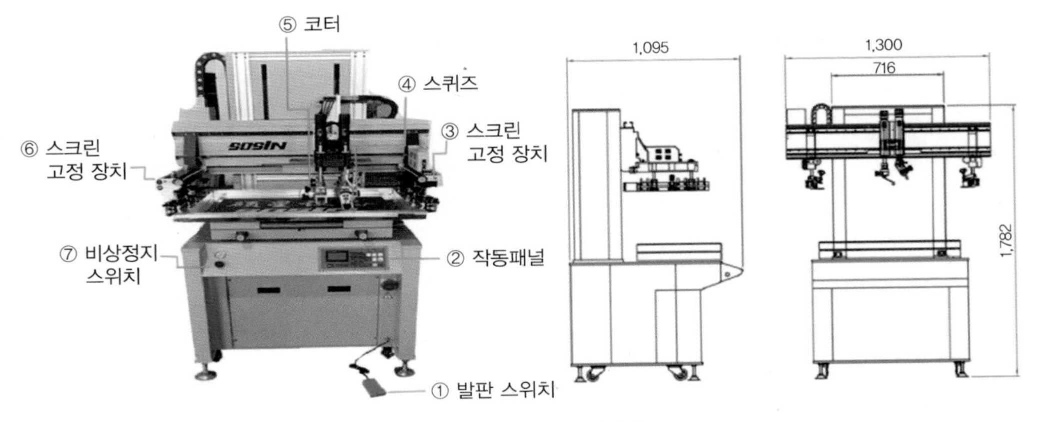

그림 4-4 스크린 프린터 장비의 구조

해당 장비는 스크린 위에 얹어진 잉크를 인쇄 방향에 맞게 눌러 밀어주는 스퀴즈(sqeeze)와 남은 잉크를 모으고 인쇄 표면을 정리해 주는 코터(coater)로 구성되어 있다. 이와 같은 자동 필 오프(peel-off) 시스템은 각도와 속도의 세부 조절이 가능하므로 기재 및 잉크의 특성에 따라 인쇄 품질을 향상시킬 수 있다. 장비 상단에 위치한 스크린 고정 장치는 좌우로 이동이 가능하여 다양한 크기의 인쇄용 프레임을 사용할 수 있어 가변성이 뛰어나다. 인쇄 가능 범위는 500 × 800 mm이며, 인쇄 속도는 시간당 1,200 pieces이다.

건조기(dryer)

인쇄된 전도성 잉크로부터 용매를 증발시키고, 기재와 잉크의 안정적인 결합을 유도하여 인쇄된 회로의 내구성을 확보하기 위해서는 열처리를 진행해야 한다. 본 교재에서는 터널 방식의 컨베이어 건조기인 IR 건조기(ECSD1800IR, EAST CORE CO LTD, 한국)를 사용하여, 인쇄된 전자섬유의 후처리를 진행하였다. 해당 건조기는 원단부터 의류에 이르기까지 다양한 형태의 기재를 처리할 수 있으며, 빠른 건조가 가능하다. 또한 전진 또는 후진의 양방향 이송이 가능하므로 열처리 정도에 따라 건조시간이나 속도를 조절할 수 있다. 본 교재에서 사용한 건조기의 형태는 그림 4-5와 같다.

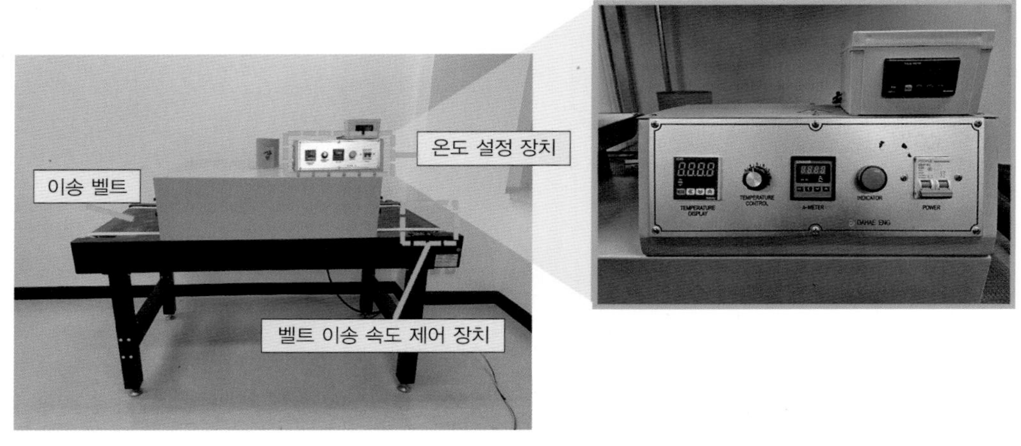

그림 4-5 IR 건조기의 외관

4.2 전자섬유 제작을 위한 기본 재료

전도성 스크린 프린팅의 기법은 단순하다. 회로 디자인에 따라 스크린을 제작하고 잉크를 부어 섬유 원단으로 인쇄하는 방식이다. 그러나 인쇄 품질을 향상시키기 위해서는 앞서 살펴본 바와 같이 다양한 변수를 고려해야 한다.

스크린 프린팅 기술을 이용하여 전자섬유를 제작할 때 필요한 재료는 기재가 되는 직물 또는 필름, 전자회로 디자인의 인쇄 영역을 설정하는 스크린 마스터, 그리고 실제로 전기가 흐를 수 있도록 제작된 전도성 잉크 등이다. 또한 활용 용도에 따라 인쇄된 회로의 표면을 보호하기 위한 필름이나 배터리, 보드, 디바이스 등을 연결하기 위한 부품 또는 장치 등이 요구되기도 한다.

직물(fabric)

인쇄를 진행할 직물은 용도 및 디자인에 따라 폭넓게 선택할 수 있다. 다만 인쇄 품질은 표면이 평평하고 매끄러울수록 향상되므로 면이나 양모 같은 스테이플 섬유보다는 나일론이나 폴리에스터와 같이 필라멘트 섬유로 구성된 기재가 좋다. 또한 스퀴즈와 코터의 이동에 따라 직물이 밀리거나 늘어나게 되면 인쇄 중 오류가 발생할 수 있으므로 편성물보다는 직물이나 부직포, 필름 형태가 인쇄에 유리하다. 그러나 잉크의 점도나 인쇄 조건의 조절로 인쇄 품질은 충분히 향상시킬 수 있으므로 최종 용도에 적합한 기재를 선택하는 것이 가장 중요하다.

본 교재에서는 발열, 센싱 등의 기능을 발휘하는 전자섬유 샘플을 제작하기 위하여 직물, 스웨이드, 네오프렌 등을 사용하였다. 이에 대한 자세한 정보는 5장(샘플 제작 파트)에 각 샘플별로 나타내었다.

스크린 마스터(screen master)

회로나 센서 디자인에 따라 인쇄 영역을 설정하고, 해당 영역에만 프린팅이 될 수 있도록 스크린을 제작해야 한다. 스크린 제작에는 필름과 메쉬 직물로 구성된 마스터가 활용되며, 이때 메쉬 직물 표면에 있는 메쉬의 개수에 따라 인쇄 품질이 좌우된다. 본 교재에서는 전도성 잉크의 침투성을 고려하여 표준 제품인 Riso digital screen QS master 120p를 사용하였다.

전도성 잉크(conductive ink)

본 교재에서 사용한 전도성 잉크는 Henkel 社의 Loctite® 탄소 기반 잉크와 은 기반 잉크이다.

PF 407C E&C 잉크는 높은 전도성을 가진 탄소 기반 잉크로서, 유연한 기재에 부분 또는 전면으로 프린팅할 수 있으며, 특히 낮은 전압으로 구동되는 회로용에 적합하다. 스크린 프린팅 시 단섬유의 폴리에스터 스크린이나 스테인리스 스틸 스크린을 추천하며, 각각 61~90 threads/cm, 77~110 threads/cm 밀도의 스크린을 사용해야 품질을 보장할 수 있다. 잉크의 열경화 온도가 105 ℃이므로 건조는 90 ℃에서 30분을 진행하거나 120 ℃에서 15분을 진행하는 것을 권장한다. 다만 경화 조건은 프린팅 환경과 용도에 따라 달라지므로 상황에 따라 조절해야 한다. 폴리에스터 필름 위에 약 25 ㎛ 두께로 프린팅하고 120 ℃에서 15분 건조했을 경우, 면저항은 약 20 Ω/sq 이하로 측정되었다.

표 4-2 본 교재에서 사용한 전도성 잉크의 종류 및 특성

구분	PF 407C E&C	479SS E&C
사진		
경화 방식	열경화	열경화/UV경화
고체 함량	37%	75%
밀도	1.13 kg/L	2.56 kg/L
전기 저항	15 Ω/sq/mil	0.014 Ω/sq/mil
색상	검은색	연두색
점도 (Brookfield, 20 ℃, 20 rpm)	42,500 MPa·s(cP)	12,000 MPa·s(cP)

반면 479SS E&C 잉크는 할로겐이 없는 은 기반의 전도성 잉크이다. 이 잉크는 스크린 프린팅에 적합하도록 제작되었으며, 유연성이 우수하여 회로, EL-램프, 센서 등을 인쇄할 수 있다. 면저항은 0.020 Ω/sq 이하로 매우 낮고, 저항 수준을 조절하기 위하여 탄소 기반 잉크와 혼합하기도 한다. 스크린 프린팅 시에 스크린은 폴리에스터나 스테인리스 스틸 스크린을 사용하고, 밀도는 각각 60~70 threads/cm, 70~80 threads/cm로 탄소 기반 잉크에 비해 다소 낮다. 프린팅 후 건조시간은 93 ℃에서 15분을 권장하며, 최대 120 ℃를 넘지 않도록 제한하고 있다. 폴리에스터 필름 위에 약 25 ㎛ 두께로 프린팅하고 93 ℃에서 15분 건조했을 경우, 면저항은 약 14 mΩ/sq 수준을 보였다.

4.3 전자섬유 제작 순서

전자섬유의 제작 순서는 크게 네 단계로 구분할 수 있다. 1단계에서는 응용 프로그램을 통해 회로 또는 전극을 설계하며, 2단계에서는 완성된 디자인을 디지털 스크린 메이커로 옮겨 스크린 마스터를 제작한다. 3단계에서는 제조된 스크린 마스터를 스크린 프린터 장비에 설치한 후 잉크를 덜고 스퀴지로 밀어 실제 인쇄를 진행하며, 4단계에서는 인쇄된 직물을 IR 건조기로 건조하여 잉크와 직물의 접착성을 높여서 마무리한다.

(1) 회로 디자인

본 교재에서 사용하는 디지털 스크린 메이커의 프레임 크기는 350 mm × 300 mm 이다. 따라서 회로 디자인은 해당 프레임보다 작은 크기로 작업해야 한다.

스크린 프린팅을 위한 회로나 전극의 설계는 소프트웨어의 제약을 특별히 받지 않는다. 다만 다양한 형태를 만들거나 복잡한 구조도 자유롭게 표현하기 위해서는 일반적으로 전문 디자인 프로그램인 Adobe Illustrator를 많이 사용한다.

회로 디자인에서 주의해야 할 점은 전기의 이동 경로를 고려하여 (+)와 (-)를 적절하게 배치해야 한다는 것이다. 즉, 목적으로 하는 기능을 가진 전자섬유를 제작하기 위해서 필요한 PCB, 아두이노, LED, 배터리, 스위치 등의 전자부품을 미리 확인하고, 이를 전기 흐름에 따라 배치하며, 각 전자부품의 (+)와 (-) 경로가 적절하게 이어질 수 있도록 회로를 설계해야 한다. 또한 이를 위해서 온라인 오픈소스를 활용하거나 회로 디자인 시뮬레이션 프로그램을 통해 제작 전 회로의 운영 가능 여부를 미리 확인하는 것이 좋다.

대표적으로 추천되는 전기회로 드로잉 프로그램은 표 4-3과 같다.

표 4-3 회로 디자인 프로그램

프로그램명	특징	UI 화면
EdrawMax	• 전문적인 회로 구현이 가능함 • 툴 사용이 쉽고 간단함 • 무료로 편집할 수 있는 전기회로 템플릿을 제공함 • https://www.edrawsoft.com/edraw-max	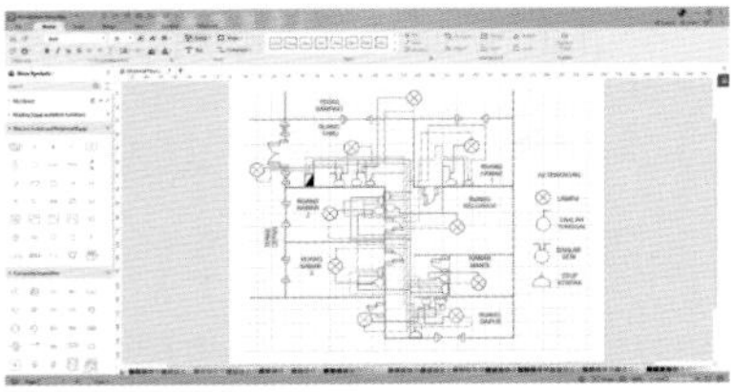
ETAP	• 다양한 전원 시스템을 적용하여 전기회로를 설계하는 데 유용함 • 자동화, 최적화, 시뮬레이션 및 분석을 위한 전문가 수준의 다양한 프로그램과 도구를 활용할 수 있음 • 윈도우에서만 사용 가능함 • 무료 버전 제공하지 않음 • https://etap.com	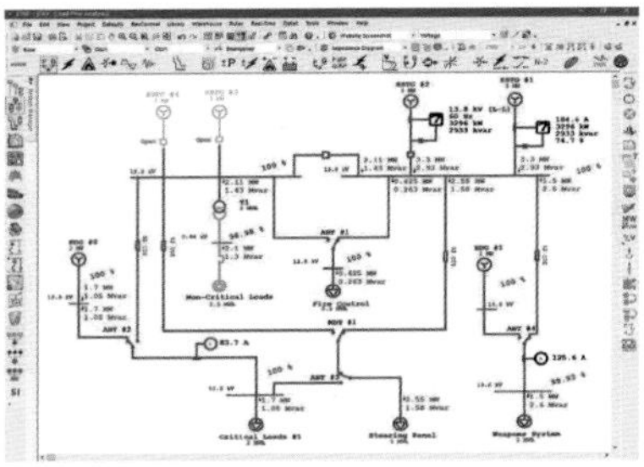
Electra E8	• 전기 도면을 빠르고 쉽게 만들 수 있음 • 전기, 공압, 유압 등을 포함한 전문적인 엔지니어링 회로 구현이 가능함 • 무료 버전 제공함 • https://www.sw.siemens.com/en-US	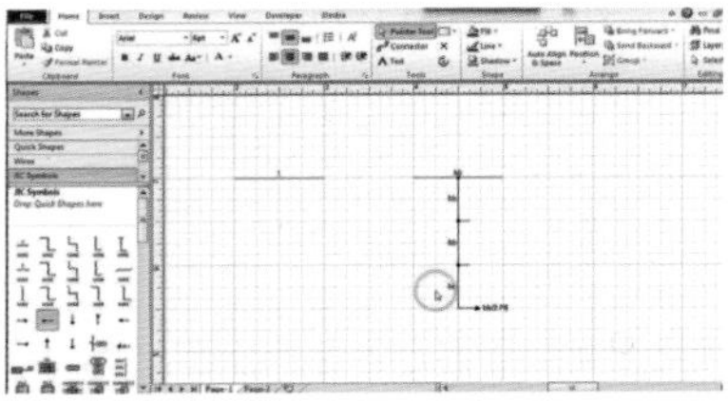
ProfiCAD	• 전기회로 구현을 위해 설계된 프로그램 • 다양한 도면 도구를 활용하여 회로 설계가 가능함 • 도구 및 메뉴가 심볼과 와이어 아이콘으로 형성되어 있어 초보자나 학생들이 사용하기 쉬움 • 비디오 튜토리얼을 제공함 • https://www.proficad.com	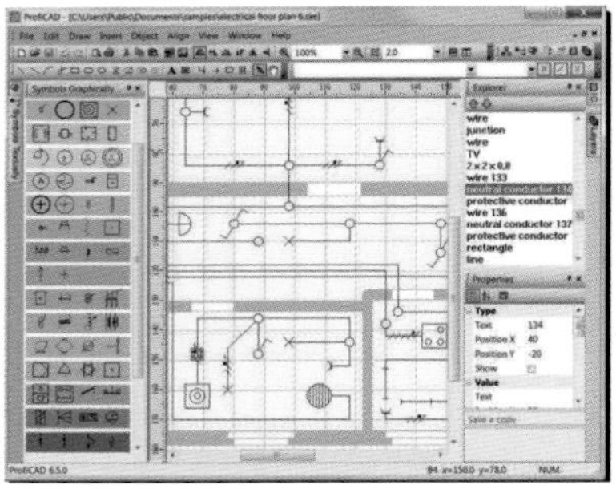
SmartDraw	• 차트, 그래프, 인포그래픽, 일러스트레이션 등 다양한 목적의 회로 제작이 가능함 • 모든 용도에 적합한 전문가 수준의 콘텐츠 제작이 가능함 • 4,500개 이상의 템플릿과 CAD 도면을 제공함 • https://www.smartdraw.com	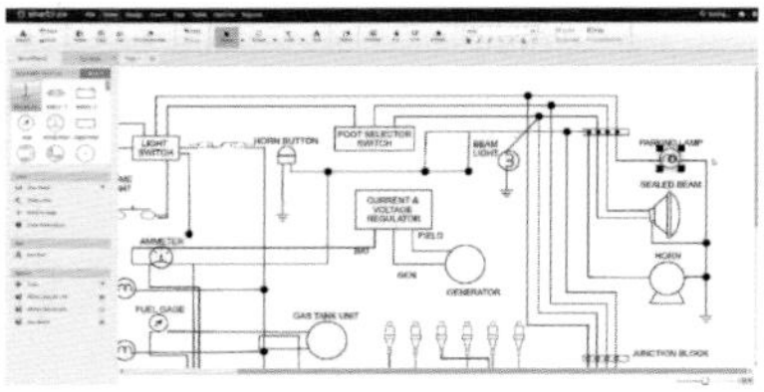

(2) 스크린 마스터 제작

디자인된 회로를 실제 스크린에 옮기기 위하여 디지털 스크린 메이커를 활용하여 스크린 마스터를 제작한다. 전체적인 제조 과정은 그림 4-6과 같다.

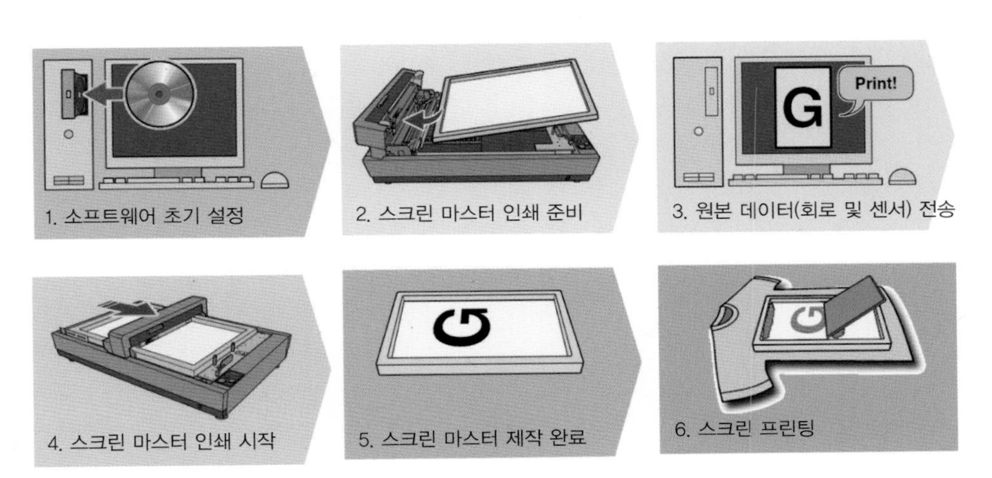

그림 4-6 디지털 스크린 메이커를 활용한 스크린 마스터 제작 과정

마스터 필름 설치

먼저 인쇄 사이즈에 적합하도록 알루미늄 프레임을 선택하고, 마스터 필름을 설치한다. 프레임의 크기는 최소 590 × 310 mm부터 최대 635 × 914 mm이며, 두께는 20~45 mm까지 설치가 가능하다. 프레임에 필름을 설치할 때에는 실리콘 접착제나 테이프, 프레임 홀더를 이용하여 이후 인쇄 과정에서 스크린의 위치가 이동하지 않도록 단단하게 고정시켜야 한다. 권장되는 스크린 마스터의 텐션은 약 11 N/cm이다.

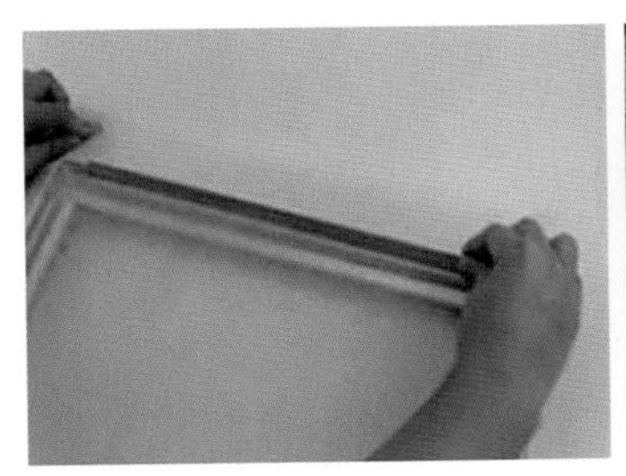

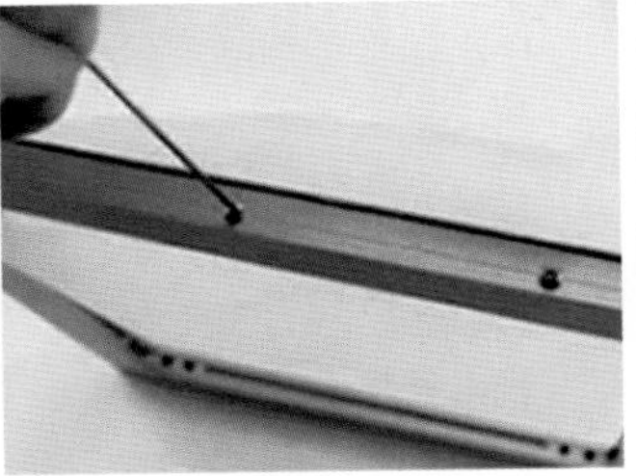

그림 4-7 마스터 필름 설치 방법

본 교재에서는 마스터 필름을 쉽고 빠르게 설치할 수 있도록 Goccopro 社의 self-tensioning 프레임을 사용하였다. 마스터 필름의 설치 방법은 그림 4-7과 같다. 먼저 프린트 디자인에 적합한 크기의 프레임을 선택한 후, 나사를 풀고 부착된 바를 제거한다. 프레임보다 약간 길게 스크린 마스터를 자르고, 열 코팅된 부분이 위를 향하도록 프레임에 위치시킨다. 프레임 중 길이가 긴 쪽의 홈에 먼저 바를 눌러 삽입한 후, 마스터 필름이 신장될 수 있도록 나사를 이용하여 텐션 정도를 조절한다. 이때 필름의 텐션이 균일하게 조정될 수 있도록 한쪽 프레임에 있는 3개의 나사를 조일 때는 양쪽 가장자리의 나사부터 조절한 후, 가운데 나사를 조절하는 것이 좋다. 이후 길이가 짧은 방향에도 바를 삽입하여 필름을 신장시키면서 고정한다. 마지막으로 프레임 모서리를 따라 남은 마스터 필름을 잘라 정리한다.

스크린 프레임 설치

마스터 필름이 설치된 프레임은 디지털 스크린 메이커에 장착한다. open lever를 잡아당겨서 장치를 열고, stage handle을 돌려서 stage가 움직일 수 있도록 조정한다. screen frame side guide를 몸 쪽으로 당긴 다음, 2개의 screen frame retainer와 screen frame side guide 사이에 스크린 프레임을 설치한다. 스크린 프레임 위에 표시된 마크가 screen frame top guide의 화살표와 정렬되도록 screen frame side guide를 조정한다. screen frame side guide를 다시 고정하고, 스크린 프레임을 누른 상태에서 stage를 이동시킨다. 이후 bottom guide pin을 스크린 프레임 하단에 단단히 고정시키고, 스크린 프레임 방향에서 frame bottom set를 눌러 stage handle을 조인다. 스크린 프레임이 screen frame retainer와 screen frame side guide, 그리고 bottom guide pin에 잘 접촉되었는지 확인한 후, open lever를 당겨서 디지털 스크린 메이커 장치를 닫는다.

표 4-4 스크린 프레임 설치 방법

순서	그림	설명
1		• open lever를 잡아당겨서 디지털 스크린 메이커 장치를 오픈함
2		• stage를 움직이기 위하여 stage handle을 돌려 조정함
3		• 스크린 프레임 설치를 위해 screen frame side guide를 몸 쪽으로 당김
4		• 2개의 screen frame retainer와 screen frame side guide에 스크린 프레임을 설치함(화살표) • screen frame side guide를 조정하여 스크린 프레임이 screen frame top guide에 맞도록 정렬시킴
5		• screen frame side guide를 다시 고정함 • 스크린 프레임을 누른 상태에서 stage를 이동시킨 후, 하단의 bottom guide pin을 이용하여 스크린 프레임을 고정함
6		• 스크린 프레임 방향에서 frame bottom set를 눌러 stage handle을 조임
7		• 스크린 프레임이 screen frame retainer와 screen frame side guide, bottom guide pin에 잘 접촉되었는지 확인함 • open lever를 당겨서 디지털 스크린 메이커 장치를 닫음

디지털 스크린 메이커 가동

설계된 디자인 파일을 컴퓨터에서 장치로 전송한다. 이때 프린트 '설정(properties)' 부분으로 들어가 GOCCOPRO 프린터 세팅 창을 열고 프린트 사이즈를 프레임 크기에 맞게 재설정한다. 사진이나 고해상도의 이미지 출력을 원한다면 'Screen-covered' 항목에서 Screen Frequency(lpi)와 Screen Angle(degrees)을 원하는 수치로 조절할 수 있다. 최종 'OK' 버튼을 누르면 장치의 'Online' LED가 반짝거리면서 파일이 전송된다. 파일 전송이 완료되면 'Start' 버튼의 불빛이 켜지고, 다시 한번 인쇄 사이즈를 확인한 후에 'Start' 버튼을 누르면 스크린 제작이 시작된다.

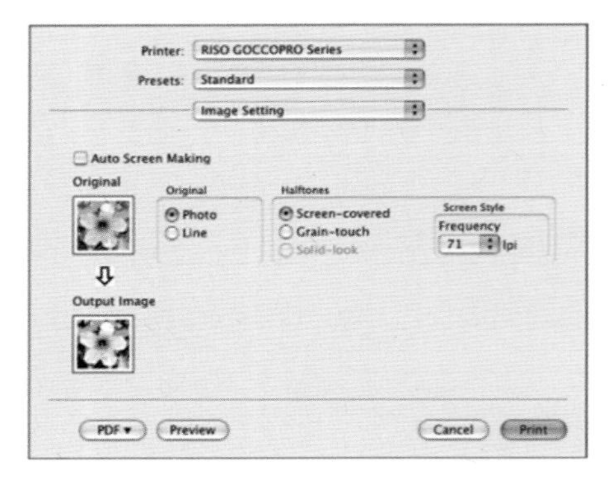

그림 4-8 디지털 스크린 메이커 프린터 설정

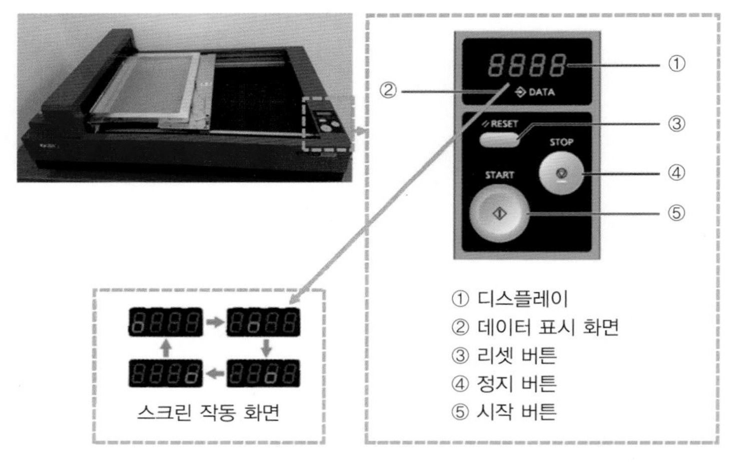

그림 4-9 디지털 스크린 메이커 동작 화면

스크린 마스터 세척

인쇄 품질을 향상시키기 위해서는 만들어진 스크린 마스터의 표면을 세척하는 것이 좋다. 스크린 마스터의 세척 과정은 마스터 표면에 용융되고 남은 필름 성분이나 부착된 오염 물질을 완전하게 제거함으로써 인쇄의 선명도를 높이고, 스크린이 막혀 잉크가 인쇄되지 못하는 문제를 예방할 수 있다.

마스터 세척을 위해서는 95% 이상의 1-methyl-2-pyrrolidone을 5%의 물과 희석하여 사용한다. 이를 제조사에서는 'thermal screen opener'라고 부르기도 한다. 준비한 thermal screen opener를 스크린 마스터 위에 뿌려 충분히 흡수될 수 있도록 한 뒤, 타올을 이용하여 빠르고 가볍게 닦아낸다. 이러한 과정을 앞면과 뒷면에 반복적으로 진행하면 남아 있는 필름 잔여물이 제거되고, 식각된 메쉬 부위만 깨끗하게 정리된다.

본 과정은 유기 용매를 다루기 때문에 스크린 마스터를 세척할 때는 반드시 보호용 장갑을 착용해야 하며, 후드를 활용하거나 환기를 통해 공기를 순환시켜 증발되는 용매를 흡입하지 않도록 주의해야 한다.

그림 4-10 thermal screen opener(좌), 세척 전후 스크린 마스터의 표면(우)

(3) 스크린 프린팅

완성된 스크린을 활용하여 본격적인 인쇄 작업을 진행한다. 스크린 프린터 오른쪽에 부착된 메인 스위치를 우측으로 돌려 전원을 켜고, 그 옆 비상 버튼을 우측으로 살짝 돌려놓으면 전원이 공급된다. 전원이 공급된 상태에서 'Ready' 버튼을 누르면 기계의 레일이 상승하고, 스퀴즈의 헤드가 오른쪽으로 이동하면서 운전 준비 버튼의 램프가 점등된다.

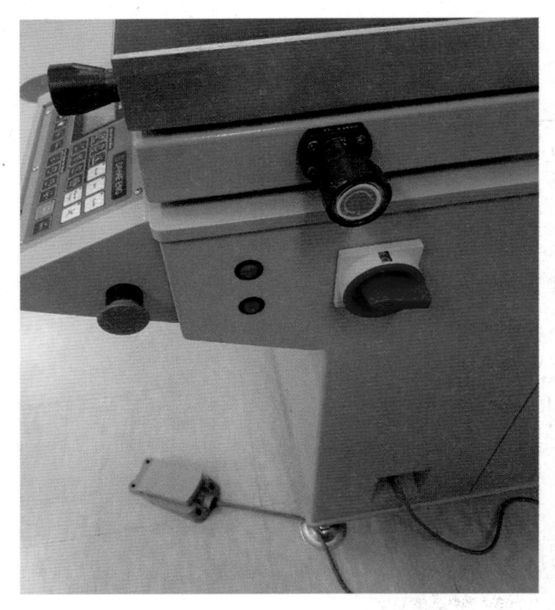

그림 4-11 스크린 프린터의 전원 버튼

스크린 마스터는 그대로 스크린 프린터 상단의 스크린 고정 장치에 설치한다. 작동 패널을 이용하여 스퀴즈의 동작 위치와 범위를 설정하며, 그 세부적인 메뉴의 정의와 설정 방법은 다음과 같다.

Print Area Set Mode

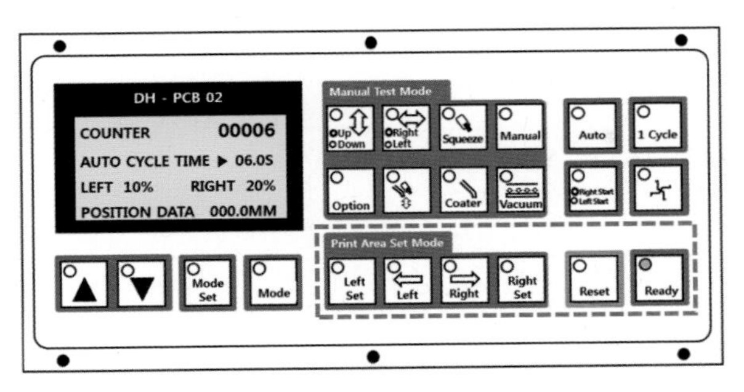

그림 **4-12** Print Area Set Mode

표 **4-5** Print Area Set Mode의 메뉴 아이콘

버튼 이름	내용
Left Set	• 한 번 누르면 램프가 깜빡거리고, 한 번 더 누르면 현재의 위치가 스퀴즈의 시작 위치로 설정됨
Left	• 스퀴즈 블록을 왼쪽으로 이동시켜 시작할 위치에 맞춤 • 버튼을 길게 누르고 있으면 왼쪽으로 이동하고, 놓으면 멈춤
Right	• 스퀴즈 블록을 오른쪽으로 이동시켜 인쇄가 끝나는 위치에 맞춤 • 버튼을 길게 누르고 있으면 오른쪽으로 이동하고, 놓으면 멈춤
Right Set	• 한 번 누르면 램프가 깜빡거리고, 한 번 더 누르면 현재의 위치가 스퀴즈의 종료 위치로 설정됨
Reset	• 설정값을 지우고 초기 상태로 되돌아감
Ready	• 프린터가 동작하기 위하여 기계의 레일과 스퀴즈 헤드가 인쇄 위치로 이동함

제어판

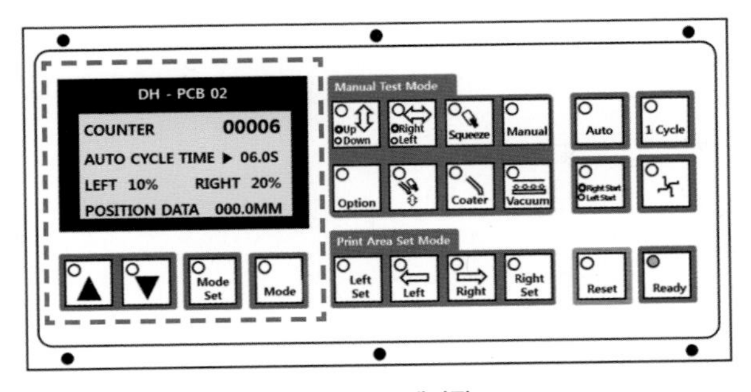

그림 **4-13** 제어판

표 4-6 제어판의 메뉴 아이콘

버튼 이름	내용
▲	화면상 커서 위치가 있는 항목의 값을 증가시킴
▼	화면상 커서 위치가 있는 항목의 값을 감소시킴
Mode Set	버튼을 누를 때마다 스크린에서 깜빡이는 커서의 위치가 다음 칸으로 옮겨감
Mode	제어판이 두 개의 화면을 가지고 있음에 따라 Mode 버튼을 이용하여 다음 화면으로 이동함 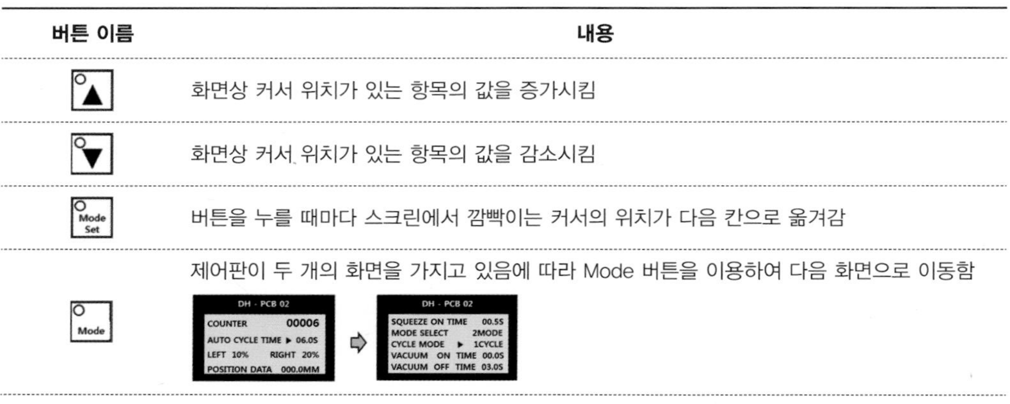
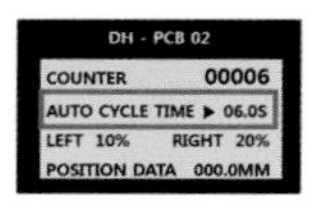	자동 모드에서 한 행정의 동작이 종료되고 다시 다음 행정이 자동으로 시작되기까지의 대기시간을 설정함
Front move speed 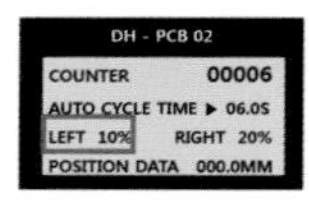	자동, 수동, 반자동 모드에서 스퀴즈 블록이 앞쪽으로 이동하는 속도를 설정함
Rear move speed 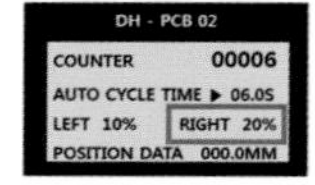	자동, 수동, 반자동 모드에서 스퀴즈 블록이 뒤쪽으로 이동하는 속도를 설정함
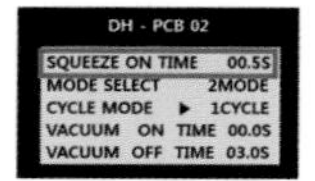	자동, 반자동 모드에서 레일이 하강한 후 스퀴즈 동작이 시작되기까지의 지연시간을 설정함
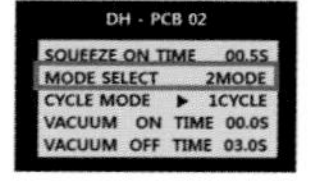	기계가 움직이는 동작을 변경함(0, 1, 2, 3의 4가지 모드가 있음)
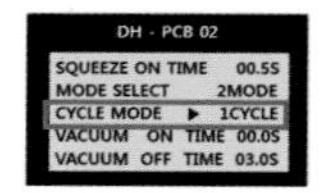	반복 인쇄의 횟수를 설정함
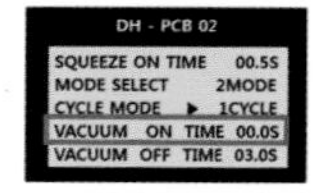	진공 시작 시간을 설정함
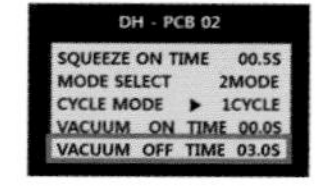	진공 해제 시간을 설정함

Manual Test Mode

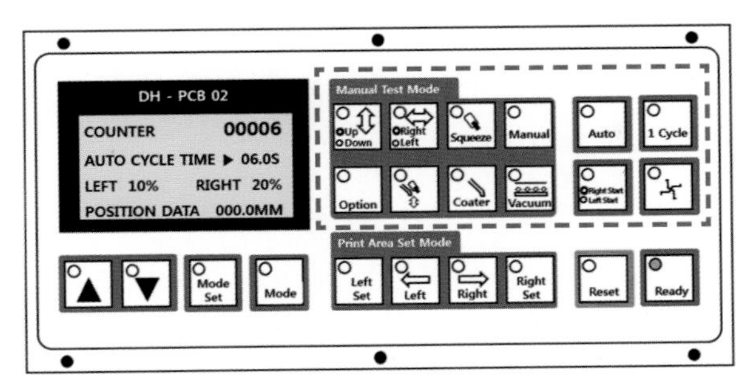

그림 **4-14** Manual Test Mode

표 **4-7** Manual Test Mode의 메뉴 아이콘

버튼 이름	내용
Up Down	• 한 번 누르면 레일이 하강하고, 램프가 소등됨 • 한 번 더 누르면 레일이 상승하며 정지하고, 램프가 점등됨
Right Left	• 한 번 누르면 스퀴즈 헤드가 왼쪽으로 전진하고, 램프가 점등됨 • 한 번 더 누르면 스퀴즈 헤드가 오른쪽으로 이동하여 정지하고, 램프가 소등됨
Squeeze	• 한 번 누르면 스퀴즈가 하강하고, 램프가 점등됨 • 한 번 더 누르면 스퀴즈가 상승하고, 램프가 소등됨
Manual	• 기계의 모든 동작을 수동으로 설정함 • Manual Test Mode 영역의 스위치들이 수동 모드에서 사용 가능한 설정 영역임
Option	• 한 번 누르면 판 들림이 상승하고, 램프가 점등됨 • 한 번 더 누르면 판 들림이 하강하고, 램프가 소등됨
	• 스퀴즈와 코터의 상승/하강이 동시에 진행됨
Coater	• 한 번 누르면 코터가 상승하고, 램프가 점등됨 • 한 번 더 누르면 코터가 하강하고, 램프가 소등됨
Vacuum	• 한 번 누르면 진공 흡착이 시작되고, 램프가 점등됨 • 한 번 더 누르면 진공 흡착이 해제되고, 램프가 소등됨
Auto	• 기계의 동작을 자동으로 작동시킬 수 있음
1 Cycle	• 기계의 동작을 반자동으로 작동시킬 수 있음
Right Start Left Start	• 한 번 누르면 '전 인쇄모드'가 선택되고, 램프가 점등됨 • 한 번 더 누르면 '후 인쇄모드'가 선택되고, 램프가 소등됨
	• 한 번 누르면 진공 모터가 켜지고, 램프가 점등됨 • 한 번 더 누르면 진공 모터가 꺼지고, 램프가 소등됨

스크린 하단에는 기재가 되는 섬유 원단 또는 필름을 설치한다. 이때 스퀴즈의 이동이나 프레임에 의하여 하단의 기재가 움직이며, 인쇄 품질이 떨어지므로 이를 예방하기 위해 기재 모서리를 테이프 등으로 고정시키는 것이 좋다.

기재의 표면 특성과 회로 디자인을 고려하여 전도성 잉크의 점도와 양을 설정한 뒤, 이를 스크린 마스터 위에 직접 올린다. 이때 스퀴즈는 바라보는 방향 기준으로 오른쪽에서 왼쪽으로 이동하므로, 전도성 잉크는 스퀴즈와 코터 사이에서 스퀴즈의 왼편에 올리도록 한다. 또한 안정적이고 균일한 인쇄를 위하여 인쇄 영역 및 스퀴즈의 크기에 따라 잉크를 분산 배치한다.

(4) 건조 및 성능 확인

인쇄된 전자직물은 건조기 컨베이어 벨트 왼쪽에 두어 오른쪽으로 이동하면서 건조를 진행한다. 기재 및 전도성 잉크의 특성에 따라 건조 온도 및 컨베이어 이동 속도는 개별적으로 설정해야 한다. 본 교재에서 소개한 전도성 잉크의 열경화 온도는 90~120 ℃이므로 건조기의 온도도 이에 맞춰 조절한다. 다만 개방형 건조기는 실내 온도 및 대류에 의해 의도한 수치만큼 건조기의 온도가 승온되지 않을 수 있으므로 건조기 내부의 온도를 확인하면서 설정 온도를 조절하는 것이 좋다. 만약 상온 열처리로 전도성 잉크층에 변성이 오거나, 용매 증발 시 인체유해물질이 우려되는 경우에는 오븐이나 폐쇄형 건조기를 사용하도록 한다.

MEMO

CHAPTER

05

스크린 프린팅을 활용한 전자섬유 제작 실습

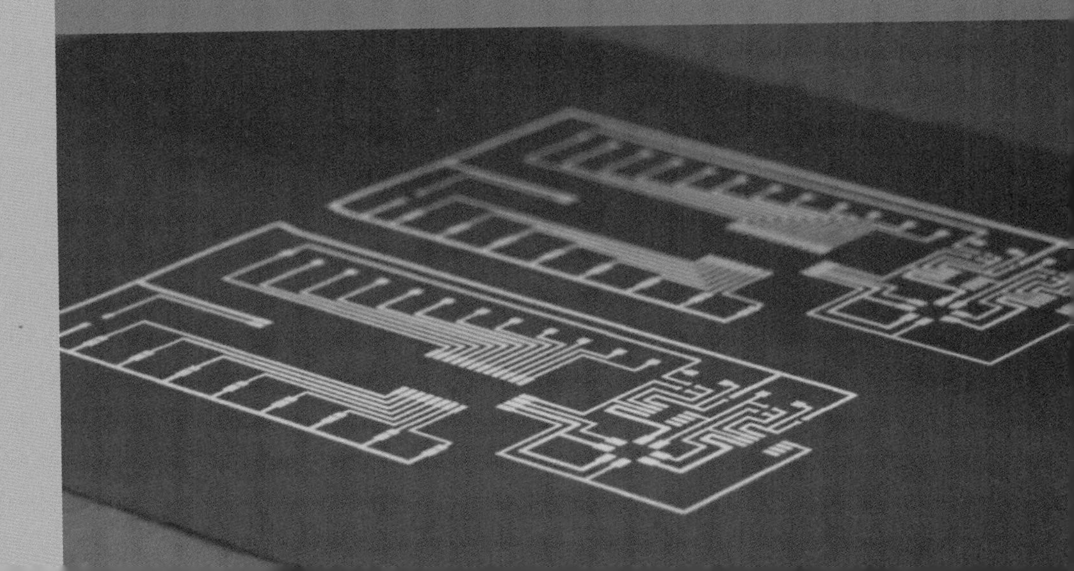

전도성 잉크를 사용한 스크린 프린팅은 대면적 생산이 가능할 뿐만 아니라 복잡하고 얇은 선으로 구성된 패턴의 회로도 쉽게 구현할 수 있다. 또한 전기적 성질이 우수하면서도 다양한 형태의 전자소자 및 전자섬유 제품을 신속하고 편리하게 만들 수 있어, 스크린 프린팅 기술은 현재 가장 많이 활용되고 있는 전자섬유 제작 기술 중 하나이다. 특히 신축성이 있는 기판에 프린팅할 경우, 신축성을 갖는 전자소자로 구현되어 전극, 센서, 회로 등으로 활용할 수 있다.

본 장에서는 전도성 잉크를 사용하여 스크린 프린팅 공정으로 텍스타일형 발열회로, 센서, 전극 등의 전자섬유 제품 제작을 실습해 보고자 한다. 모든 실습의 순서는 다음과 같으며, 자세한 실습 순서는 5.1~5.4절을 참고하도록 한다.

① 디자인: 스크린 프린팅을 위한 회로 및 전극을 설계한다.

② 스크린 마스터 제작: 스크린 마스터는 디자인한 회로를 전도성 잉크로 프린팅하기 위해 제작하는 제판으로, 스크린 프린팅 장비에 결합하여 사용한다.

③ 스크린 프린팅: 스크린 마스터에 전도성 잉크를 올려, 장비에 장착된 스퀴즈를 사용하여 프린팅한다.

④ 건조 및 성능 확인: 프린팅한 잉크를 경화시키기 위하여 열처리나 자연 건조를 하고, 이후 최종 전자소자 및 전자섬유 제품의 성능을 확인한다.

5.1 텍스타일형 발열패드

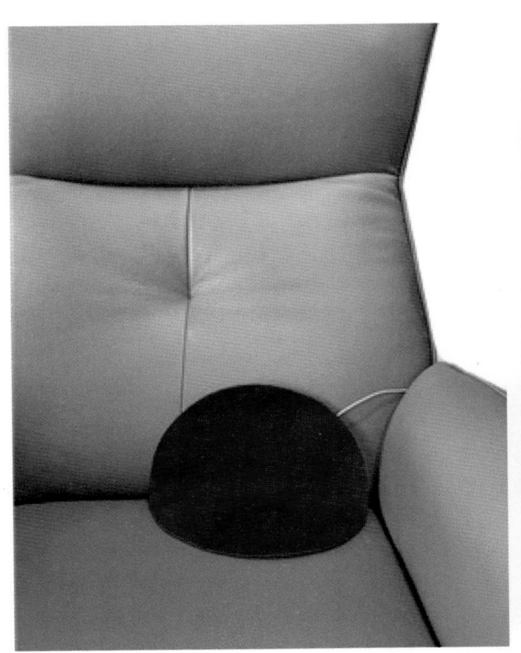
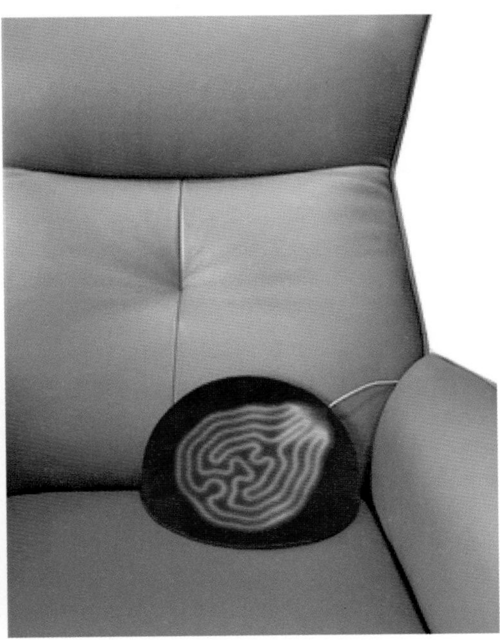

그림 **5-1** 텍스타일형 발열패드

실습 개요

전도성 잉크를 사용하여 설계한 회로는 전압을 인가하였을 때 저항체 안으로 전자가 이동하면서 충돌에 의해 열을 일으킨다. 이때 발생한 열은 기재인 직물로 전이되어, 면상 발열체로 활용할 수 있다. 스크린 프린팅 기법을 활용한 면상 발열체는 발열 패턴이 얇고 균일하게 형성되어 이질감이 없고, 구김이나 접힘 측면에서도 내구성이 좋으며, 패턴 중 일부가 손상되거나 끊어지더라도 발열 성능을 유지할 수 있어 의류나 방석, 소파 등의 침구 제품에 적용할 수 있다.

이에 본 실습에서는 발열회로를 설계하여 스크린 프린터를 활용해 텍스타일형 발열패드를 제작하고자 한다.

(1) 회로 디자인

회로에서 전류는 (+)극에서 (-)극으로 흐른다. 이때 전류의 흐름을 방해하려는 전기 저항이 발생하며, 이를 극복하면서 한 방향으로 전류가 흐르는 과정에서 마찰이나 원자의 열진동으로 저항체에 열이 발생한다. 이러한 원리는 전기다리미, 전기히터, 토스터 등에 이용된다.

텍스타일형 발열패드 제작을 위한 회로는 직렬 방식으로 그림 5-2와 같이 디자인한다. 하단의 두꺼운 사각형은 각각 (+)극과 (-)극을 연결하는 전극이며, 이를 연결하는 회로는 다양한 길이와 모양으로 배치하였다. PowerPoint 또는 Adobe Illustrator 프로그램을 통해 설계하며, 이때 회로는 반드시 '외곽선 없음', '채우기 검은색'의 옵션으로 지정해야 한다. PowerPoint 프로그램으로 회로를 설계할 경우에는 파일 확장자를 pdf로 저장하고, Illustrator 프로그램으로 작업할 경우에는 ai 파일로 저장한다.

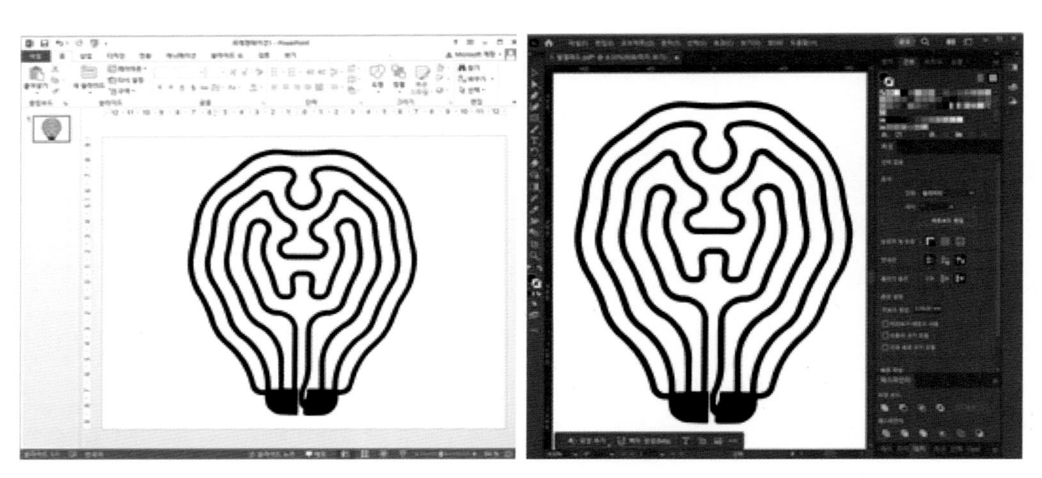

그림 5-2 텍스타일형 발열패드 회로 디자인 예시: PowerPoint(좌), Adobe Illustrator(우)

(2) 스크린 마스터 제작

STEP 1) 스크린 마스터 제작을 위한 재료 준비하기

설계된 회로를 프린팅하기 위해 스크린 마스터를 제작한다. 스크린 마스터 제작은 코팅된 필름에 회로 형태(검은색으로 채워진 면)의 코팅 부분만을 녹여 제판을 만드는 공정으로, 그림 5-3의 실습 재료가 사용된다.

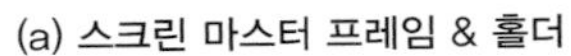

(a) 스크린 마스터 프레임 & 홀더

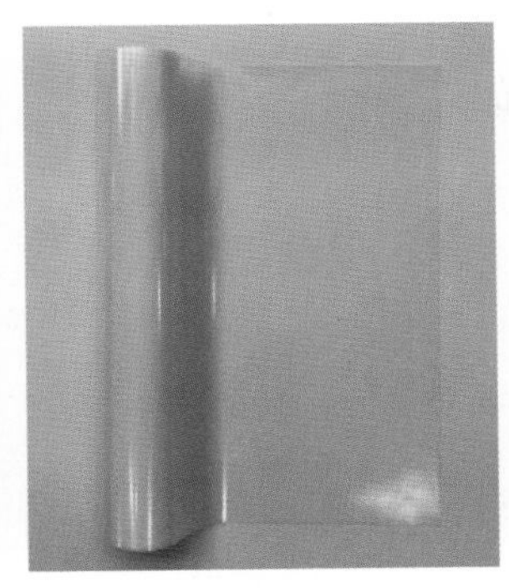

(b) 스크린 마스터 필름

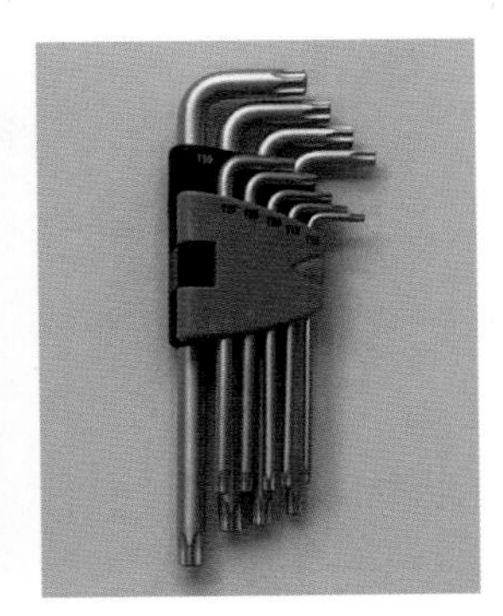

(c) 별 렌치

그림 5-3 스크린 마스터 제작에 사용되는 재료

STEP 2) 스크린 마스터 프레임에 필름 고정하기

스크린 마스터의 필름 설치 방법은 다음과 같다.

① 필름의 부드러운 면이 스크린 프레임의 아래 방향으로 가도록 올린다.

※ 방향에 유의한다(일반적으로 필름 롤의 겉면이 부드러움).

② 스크린 프레임보다 약간 크게 필름을 자른다.

③ 프레임 홀더를 넣는 부분과 프레임 사이에 틈이 생길 정도로만 스크린 프레임의 나사를 푼다.

④ 스크린 프레임에 필름을 올리고, 그 위로 프레임 홀더를 넣어 고정한다.

※ 프레임 홀더는 날개 부분이 프레임의 안쪽, 둥근 부분이 프레임의 바깥쪽으로 향하도록 하며, 둥근 부분을 스펀지가 있는 틈으로 넣은 뒤에 프레임 안쪽 방향으로 날개를 눌러 고정한다.

⑤ 풀었던 나사를 다시 조여서 필름을 프레임에 완전히 고정한다.

⑥ 필름이 편평해지도록 당겨서 반대 방향의 프레임에 홀더와 나사로 고정한다.

⑦ 나머지 프레임 면에도 같은 방법으로 필름을 고정한다.

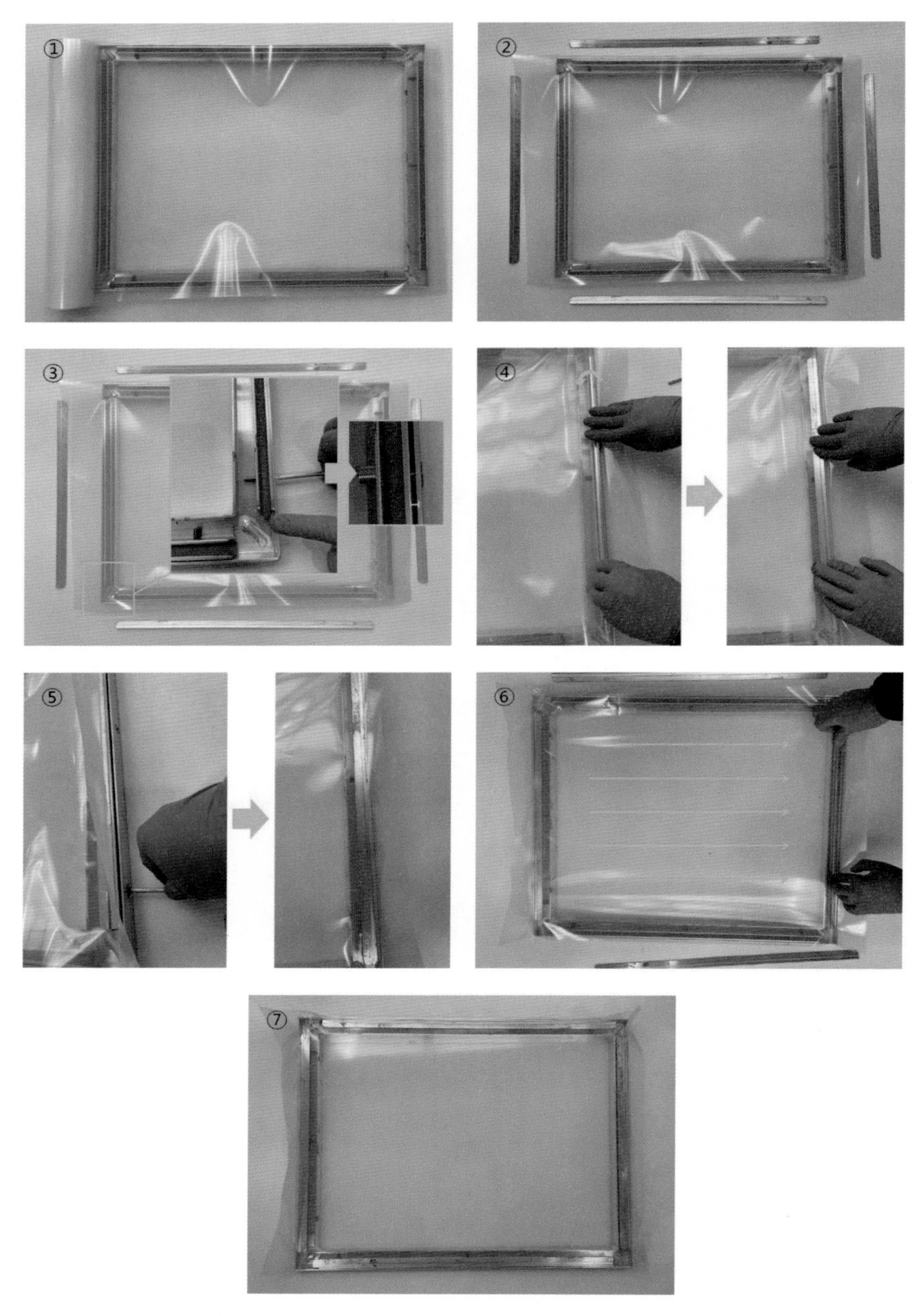

그림 **5-4** 스크린 마스터의 필름 설치 방법

STEP 3) 스크린 마스터에 회로 인쇄하기

디지털 스크린 메이커(GOCCOPRO AS2536, Riso Kagaku Corporation, 일본)의 상판 레버를 잡아 올린 뒤, 제작한 스크린 마스터를 넣는다. 이때 스크린 마스터를 디지털 스크린 메이커의 상판 하단의 screen frame retainer와 screen frame side guide에 맞도록 위치시키고, 하단의 bottom guide pin으로 고정한 뒤 상판을 닫는다.

그림 5-5 디지털 스크린 메이커에 스크린 마스터 장착하기

PC에서 Adobe Illustrator를 실행하여 인쇄하고자 하는 회로를 불러온다. 파일 〉 인쇄를 선택해서 인쇄 옵션 창의 인쇄 영역을 확인하여 스케일을 조정한 뒤, 프린터를 RISO GOCCOPRO AS2536으로 지정하고 인쇄 버튼을 누른다. 이후 스크린 마스터의 크기에 맞추어 출력될 영역을 미리보기 창을 통해 최종 검토한 뒤에 인쇄 버튼을 한 번 더 누른다.

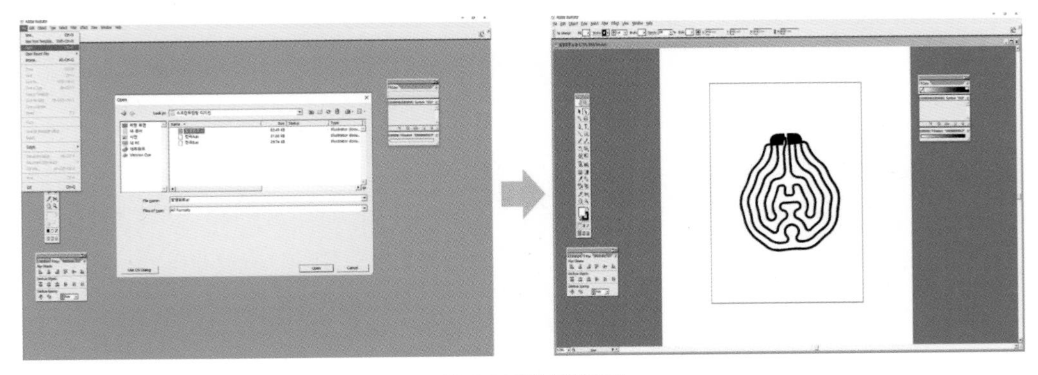

그림 5-6 파일 불러오기

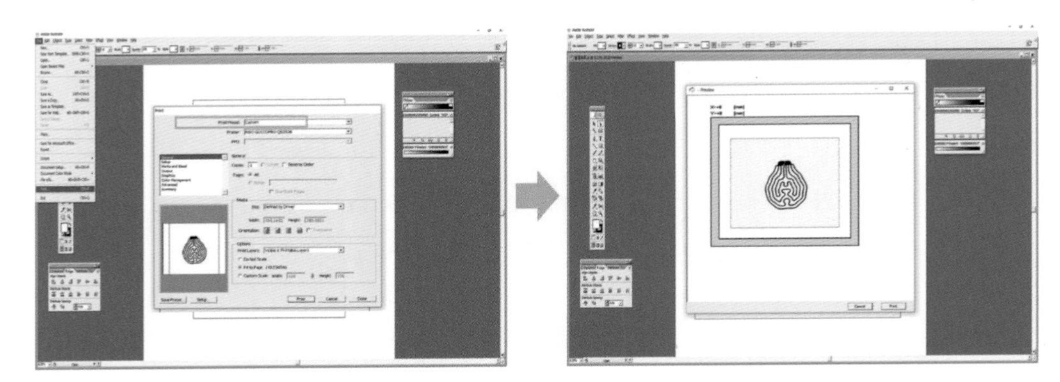

그림 5-7 파일 인쇄하기

PC에서 파일이 전송되면 디지털 스크린 메이커의 상태 창에 데이터가 전송되었다는 내용이 표시된다. 이때 'Start' 버튼을 두 번 누르면 디지털 스크린 메이커의 헤드가 이동하면서 회로가 인쇄된다.

본 과정을 통해 제작된 텍스타일형 발열패드용 스크린 마스터는 그림 5-9와 같다.

그림 5-8 스크린 마스터에 회로 인쇄하기

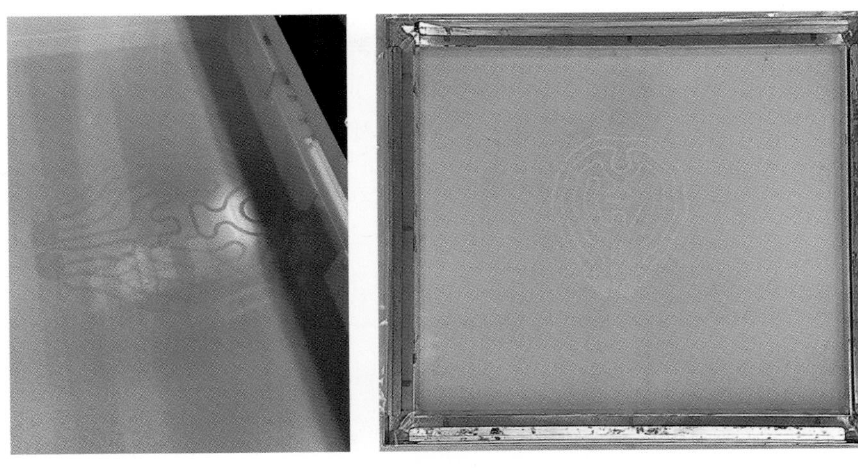

그림 5-9 스크린 마스터에 인쇄된 발열패드 회로

(3) 스크린 프린팅

STEP 1) 스크린 프린팅을 위한 재료 준비하기

스크린 프린팅을 위해 그림 5-10과 같이 직물, 전도성 잉크, 스크린 마스터가 필요하다. 전도성 잉크의 경우 지나치게 저항이 낮은 것보다는 저항이 다소 높은 것이 저항 발열 특성에 좀 더 유리하다. 이에 본 실습에서는 스웨이드 직물과 탄소 기반의 전도성 잉크를 준비하였다.

(a) 직물　　(b) 전도성 잉크　　(c) 스크린 마스터

그림 5-10 텍스타일형 발열패드의 스크린 프린팅에 사용되는 재료

STEP 2) 스크린 프린터 세팅하기

스크린 프린터(SP5080EP, SOSIN, 중국)가 연결된 에어 컴프레셔에 전원을 공급하면 스크린 프린터의 공기압이 채워지게 되어 장비를 사용할 수 있는 상태가 된다. 장비가 준비되었다면 장비의 오른쪽에 있는 전원 스위치를 우측으로 돌려 전원을 켠다.

그림 5-11 스크린 프린터에 전원 공급하기

STEP 3) 스크린 마스터 장착하기

장비에 전원 공급 후, 장비 작동패널의 'Ready' 버튼을 누르고 앞서 제작한 스크린 마스터를 장착한다. 스크린 마스터는 스크린 프린터 상부의 스크린 클램프 헤드에 고정시키는데, 스크린 마스터 프레임의 규격에 맞춰 양쪽의 클램프를 조절한다. 이때 양쪽의 클램프 후면에 위치한 센서가 켜지지 않도록 주의한다. 센서가 켜진 상태는 클램프의 허용 범위를 벗어났다는 것을 의미하므로 재조정이 필요하다. 일반적으로 왼쪽의 스크린 클램프를 기준으로 두고, 오른쪽의 클램프를 조정하여 사용한다. 스크린 마스터를 장착하는 순서는 다음과 같다.

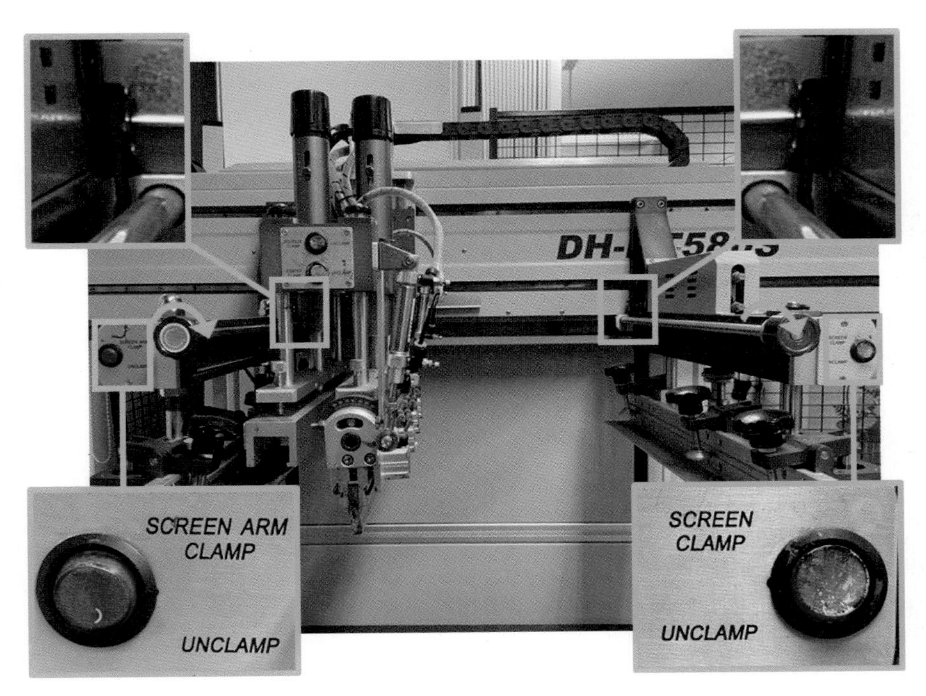

그림 5-12 스크린 프린터 클램프의 헤드 구조

① 오른쪽의 스크린 클램프 조절 레버를 좌측으로 돌려, 스크린 마스터 폭에 맞추어 좌우 위치를 잡는다.

② 스크린 프린터의 측면에서 스퀴즈 헤드에 장착된 스퀴즈와 코터가 스크린 마스터 프레임과 충돌하지 않도록 스크린 마스터의 전후 위치를 잡는다.

③ 스퀴즈와 코터가 스크린 마스터 프레임과 접촉될 경우, 스퀴즈 헤드의 'SQUEEZE CLAMP'와 'COATER CLAMP' 버튼을 눌러 스퀴즈와 코터의 위치를 조정한다.

④ 오른쪽의 클램프에 위치한 'SCREEN CLAMP' 버튼을 눌러 스크린 마스터 프레임을 헤드에 고정시킨다.

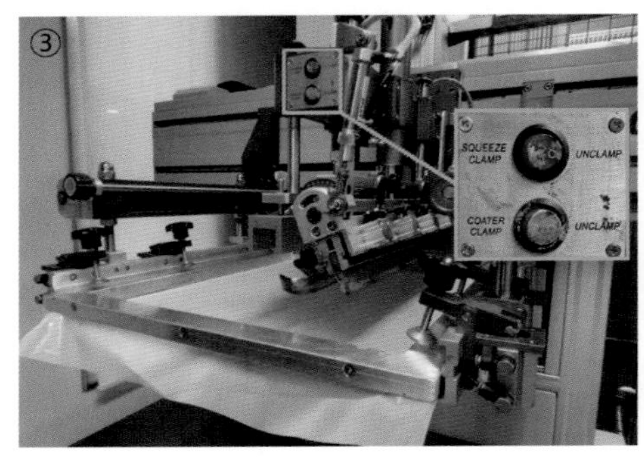

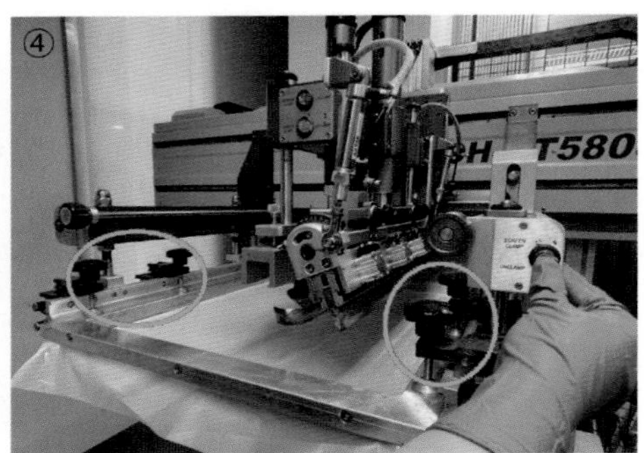

그림 5-13 스크린 마스터의 장착 순서

STEP 4) 스크린 프린팅하기

스크린 마스터를 장착하였다면 스크린 프린팅을 준비한다. 스퀴즈 헤드가 이동하면서 프린팅이 진행되므로, 스퀴즈 헤드의 이동 범위를 설정하는 것이 중요하다. 다음의 순서에 따라 스퀴즈 헤드의 이동 범위를 설정하고, 전도성 잉크를 도포하여 프린팅한다.

① 작업대에 직물을 올리고, 작동패널의 'Up Down' 버튼을 눌러 스크린 클램프 헤드를 작업대로 내린다.

② 스크린 프린팅 영역에 맞추어 스퀴즈 헤드의 이동 범위를 입력한다. 작동패널의 'Left' 버튼을 눌러 스크린 영역의 왼쪽까지 스퀴즈 헤드를 이동시킨 후, 'Left Set' 버튼을 두 번 누른다.

③ 작동패널의 'Right' 버튼을 눌러 스크린 영역의 오른쪽까지 스퀴즈 헤드를 이동시킨 후, 'Right Set' 버튼을 두 번 누른다. 지정된 범위는 'Right Left' 버튼을 눌러 확인한다.

④ 스퀴즈 헤드를 시작점으로 위치시켰을 때, 스퀴즈와 코터 사이의 지점에 전도성 잉크를 도포한다.

⑤ 스퀴즈 헤드를 시작점으로 옮기고, 장비 오른쪽에 위치한 스퀴즈 헤드의 'Up Down' 버튼을 눌러 헤드를 내린다.

⑥ 작동패널의 'Squeeze' 버튼을 눌러 스퀴즈를 내린다. 이때 코터는 내려오지 않았는지 확인한다.

⑦ 모든 준비가 완료되었다면, 작동패널의 'Right Left' 버튼을 눌러 프린팅한다.

⑧ 프린팅을 반복하고자 할 경우 'Squeeze' 버튼을 눌러 스퀴즈를 올리고, 코터를 내린다. 이후 'Right Left' 버튼을 누르면 프린팅 후 남은 잉크가 왼쪽에서 오른쪽으로 모아진다. 여기에 잉크를 추가 도포하고 ⑤~⑦의 과정을 반복한다.

그림 **5-14** 스크린 프린팅의 순서

그림 5-15 스크린 프린팅한 발열회로 제작 샘플

(4) 텍스타일형 발열패드 완성 및 성능 확인

직물 위에 프린팅한 발열회로를 재단하고, 전원공급장치를 연결하여 텍스타일형 발열패드를 완성한다. 이후 그림 5-16과 같이 열화상 카메라를 이용하여 발열 성능을 확인한다.

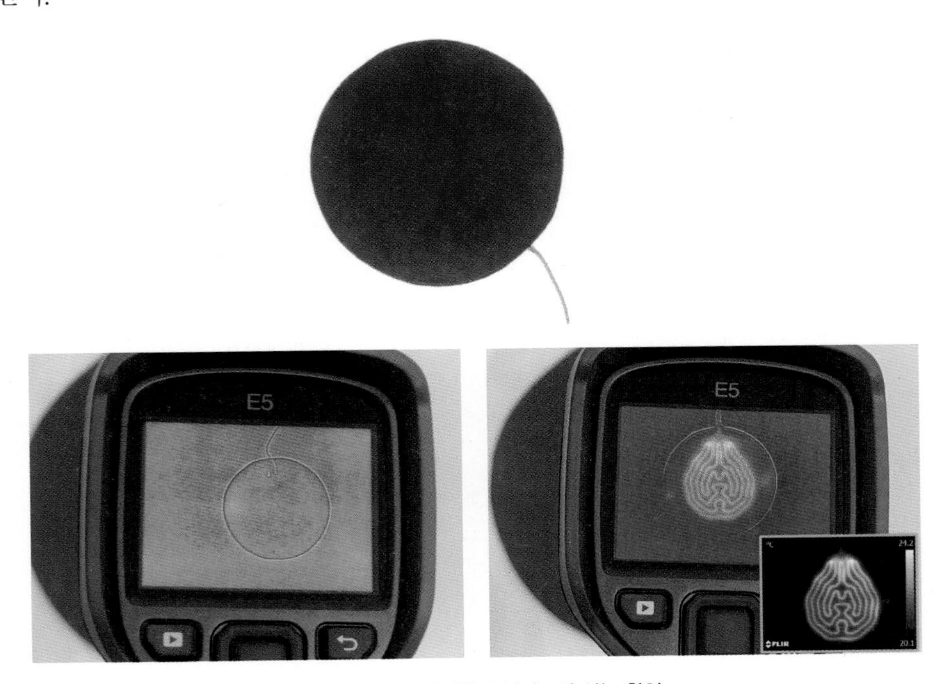

그림 5-16 텍스타일형 발열패드의 성능 확인

5.2 터치 센서

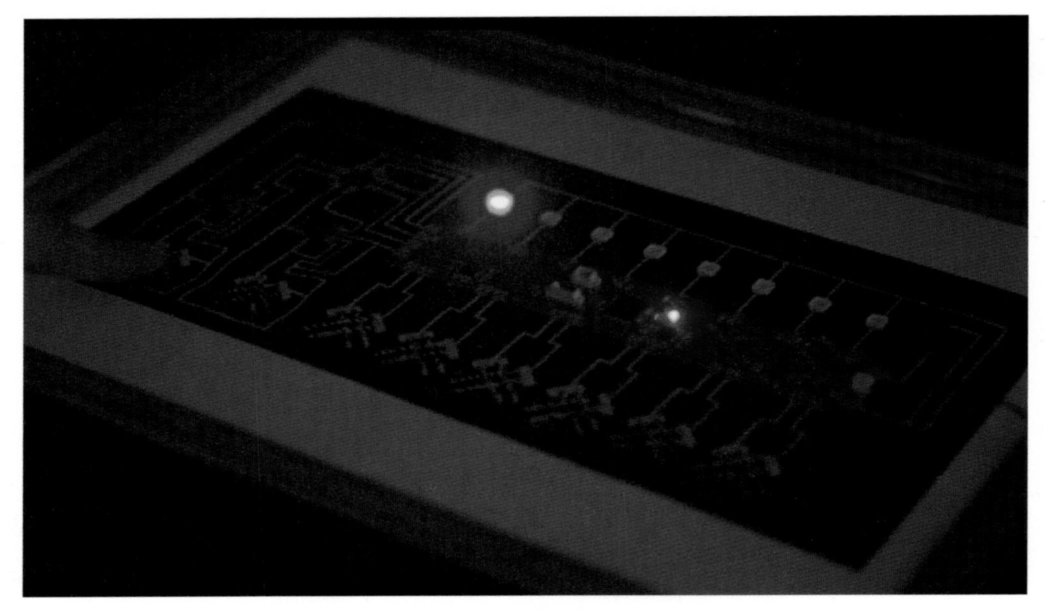

그림 **5-17** 터치 센서

실습 개요

터치 센서는 사람에게서 나오는 기전력이 센서 입력부와 접촉됨에 따라 센서가 on/off 되도록 설계된다. 터치 센서를 통해 외부 기계나 조명을 조절할 수 있어, 의류 및 액세서리 제품에도 LED를 밝히거나 특정 기기와 연결할 목적으로 간단한 터치 센서가 활용되기도 한다. 기존의 압력, 사운드, 온도, LED 등의 아날로그 센서는 일반적으로 노이즈 내성이 우수하지만, 이를 처리하기 위해 복잡한 회로가 필요하여 섬유 기재로 적용하는 데 한계가 있다. 그러나 스크린 프린팅은 복잡한 전자회로를 단시간에 완성할 수 있어 간편하고 활용성이 크다.

이에 본 실습에서는 직물에 회로를 프린팅하고 LED를 연결하여 터치 센서를 제작하고자 한다.

(1) 회로 디자인

회로는 설계된 보드에 맞추어 입력부와 출력부(LED 연결 위치)를 디자인한다. PowerPoint 또는 Adobe Illustrator 프로그램을 통해 설계하며, 이때 회로는 반드시 '외곽선 없음', '채우기 검은색'의 옵션으로 지정해야 한다. 본 교재에서는 섬유형 압력 센서와 PCB 보드, LED의 배치를 고려하여 회로를 설계하였으며, 스크린 프린팅의 장점을 활용하여 회로 형태를 다변화시켰다.

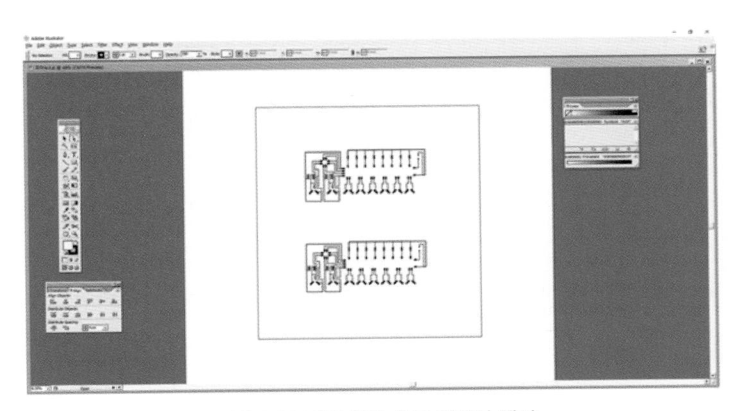

그림 5-18 터치 센서 회로 디자인 예시

(2) 스크린 마스터 제작

설계된 회로를 프린팅하기 위해 스크린 마스터를 제작한다. 스크린 마스터 제작 방법은 5.1절의 내용과 동일하며, 본 과정을 통해 제작된 터치 센서용 스크린 마스터는 그림 5-19와 같다.

그림 5-19 스크린 마스터에 인쇄된 터치 센서 회로

(3) 스크린 프린팅

STEP 1) 스크린 프린팅을 위한 재료 준비하기

스크린 프린팅을 위해 그림 5-20과 같이 직물, 전도성 잉크, 스크린 마스터가 필요하다. 회로의 경우 전자가 원활하게 흘러야 하므로 전기 저항이 낮은 전도성 잉크를 사용하는 것이 좋다. 이에 본 실습에서는 나일론 기반의 직물과 은 기반의 전도성 잉크를 준비하였다.

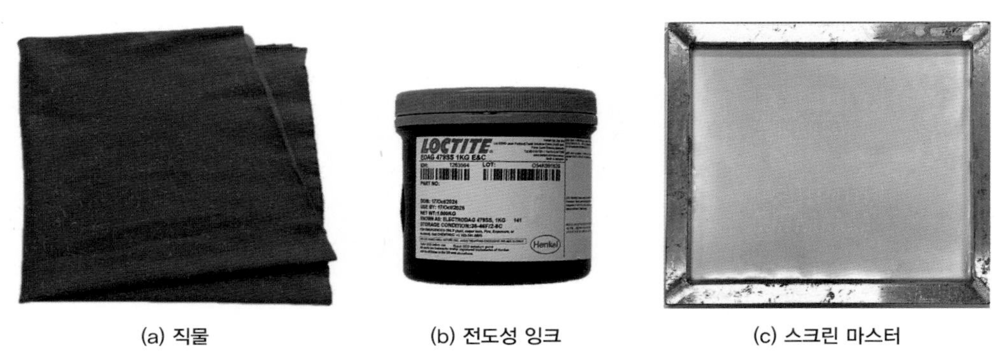

(a) 직물 (b) 전도성 잉크 (c) 스크린 마스터

그림 5-20 터치 센서의 스크린 프린팅에 사용되는 재료

STEP 2) 스크린 프린터 세팅하기

스크린 프린터 세팅 방법은 5.1절의 내용과 동일하다.

STEP 3) 스크린 마스터 장착하기

스크린 마스터 장착 방법은 5.1절의 내용과 동일하다. 스크린 프린터 장비의 전원을 공급한 뒤, 그림 5-13과 같이 스크린 마스터를 장착한다.

STEP 4) 스크린 프린팅하기

스크린 마스터를 장착하였다면 스크린 프린팅을 준비한다. 5.1절의 그림 5-14에 따라 스퀴즈 헤드의 이동 범위를 설정하고, 전도성 잉크를 도포하여 프린팅한다.

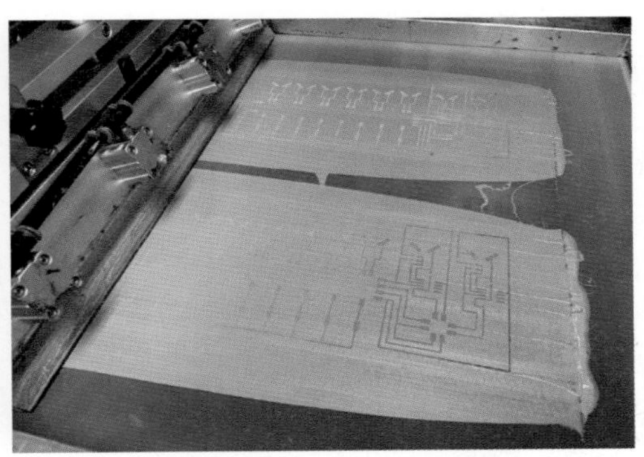

그림 5-21 터치 센서 회로의 스크린 프린팅 과정

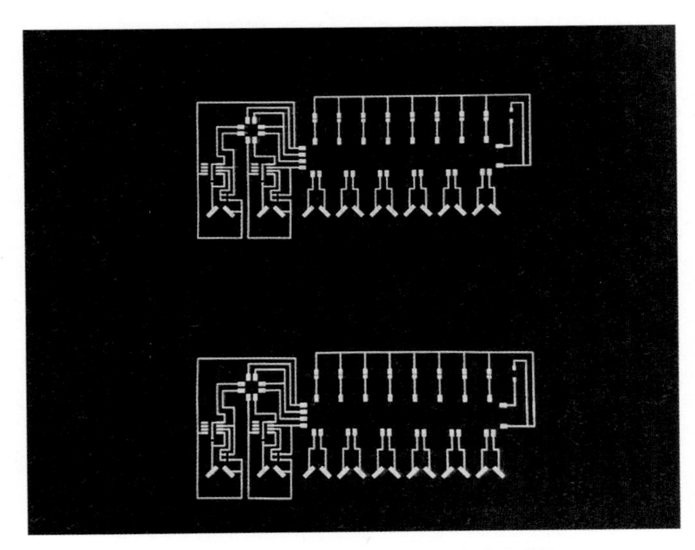

그림 5-22 스크린 프린팅한 터치 센서 제작 샘플

(4) 터치 센서 완성 및 성능 확인

직물 위에 프린팅한 회로에 섬유형 압력 센서와 PCB 보드, LED를 연결하여 터치 센서를 완성한다. 이후 섬유형 압력 센서를 터치하여 터치 센서의 성능을 확인한다.

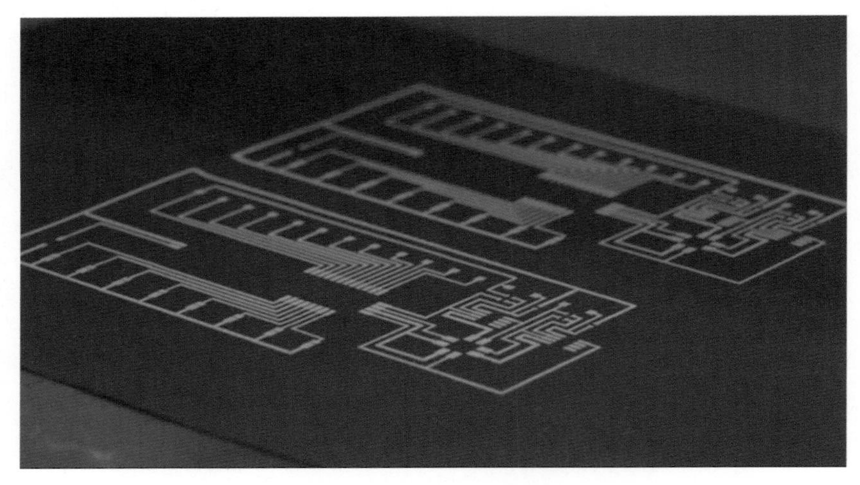

그림 5-23 터치 센서 샘플

5.3 근전도 측정 종아리 슬리브

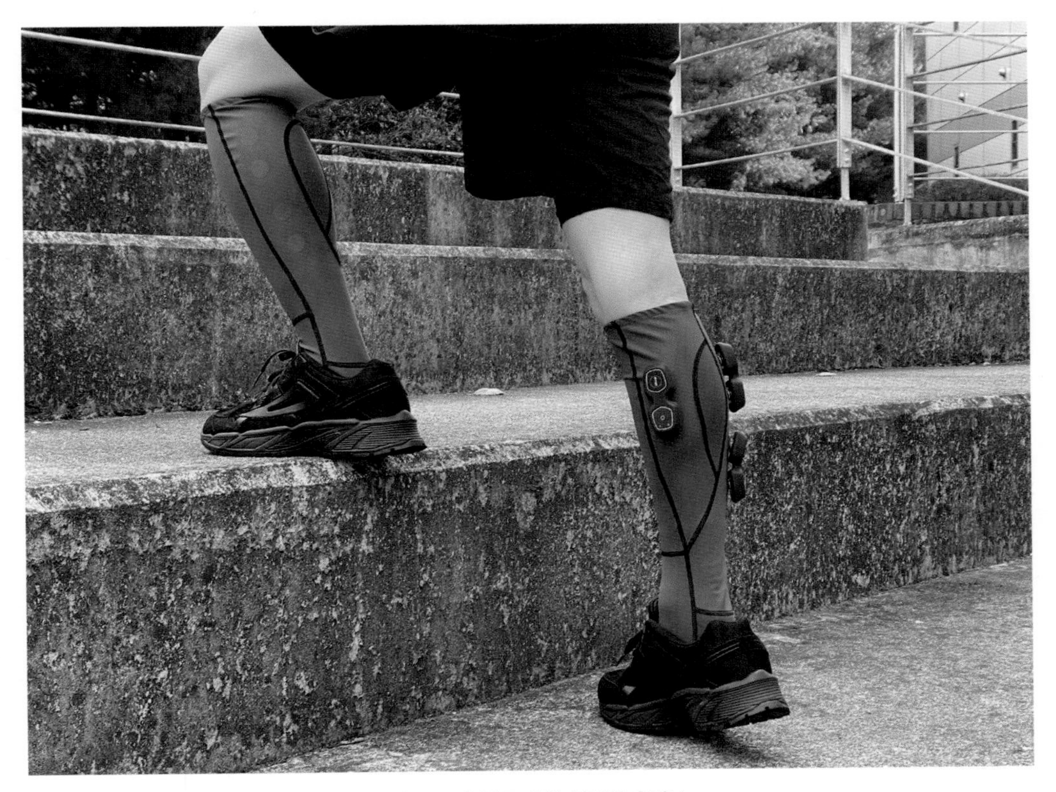

그림 **5-24** 근전도 측정 종아리 슬리브

실습 개요

최근 인체 동작과 근전도 신호를 측정하여 근육의 활성도와 밸런스 등의 데이터를 실시간으로 모니터링하여 운동 효과를 증진시키고 부상을 예방하는 웨어러블 디바이스와 의류가 개발되고 있다. 일반적으로 근전도는 Ag/AgCl 하이드로겔로 구성된 일회용 전극을 사용하여 신호를 수집한다. 하지만 하이드로겔 전극은 피부로의 접착성은 우수하지만, 장기간 사용 시 오염 또는 건조에 의해 성능이 저하될 수 있고, 신축성이 없어 움직임에 따라 피부에서 탈착될 수 있다(Yeun & Kim, 2021). 이를 보완하기 위해 최근 텍스타일 기반의 건식 전극을 활용한 스마트 의류가 개발되고 있다. 텍스타일 기반 전극은 피부 친화성이 좋고 인체 움직임에 의한 데이터 오류가 적다. 또한 재사용이 가능해 환경적이라는 장점도 있다.
이에 본 실습에서는 직물에 전극을 프린팅하여 근전도 측정이 가능한 종아리 슬리브를 제작하고자 한다.

(1) 전극 설계

근전도는 신호의 크기가 작아 외부로부터 왜곡될 수 있어 안정적인 신호 측정을 위해 하나의 근육에 두 개 이상의 전극을 부착해야 한다. 또한 근육의 길이 방향으로 전극을 배치하고, 두 전극 간에는 일정한 간격을 두어야 한다.

본 실습에서는 근전도 측정 디바이스인 Fitsig(㈜로임시스템, 한국)를 사용하여 종아리 슬리브를 제작하였다. 전극은 지름 20 mm로 설계하고, 디바이스의 규격에 따라 전극 간의 거리는 40 mm로 지정하여 전극 파일을 생성하였다. 이때 전극은 반드시 '외곽선 없음', '채우기 검은색'의 옵션으로 지정해야 한다.

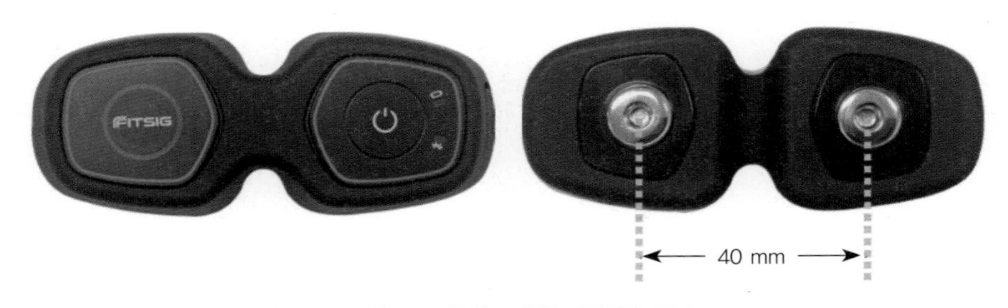

그림 5-25 근전도 측정 디바이스 Fitsig

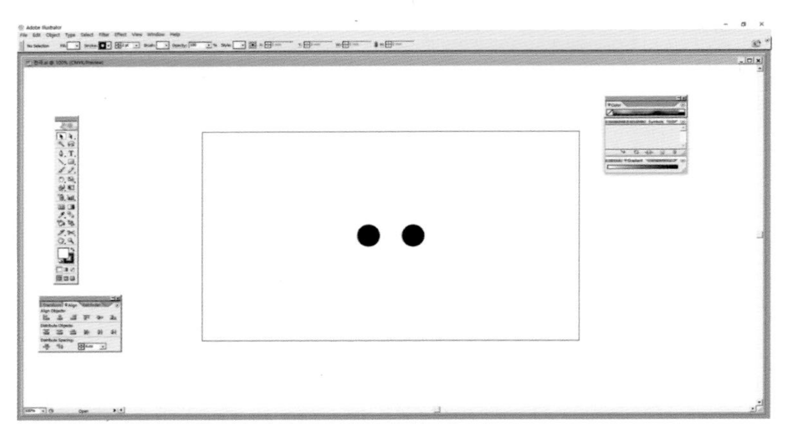

그림 5-26 근전도 측정 전극 디자인 예시

(2) 스크린 마스터 제작

설계된 전극을 프린팅하기 위해 스크린 마스터를 제작한다. 스크린 마스터 제작 방법은 5.1절의 내용과 동일하며, 본 과정을 통해 제작된 근전도 측정 종아리 슬리브용 스크린 마스터는 그림 5-27과 같다.

그림 **5-27** 스크린 마스터에 인쇄된 근전도 측정 전극

(3) 스크린 프린팅

STEP 1) 스크린 프린팅을 위한 재료 준비하기

스크린 프린팅을 위해 그림 5-28과 같이 직물, 전도성 잉크, 스크린 마스터가 필요하다. 근전도를 정확하게 측정하기 위해서는 직물이 인체에 밀착되어야 하는 관계로 기재가 되는 직물은 신축성이 있어야 하며, 전극은 전도성이 낮을수록 근전도 신호를 잘 수집할 수 있다. 이에 본 실습에서는 폴리에스터 및 폴리우레탄 기반의 신축성 직물과 은 기반의 전도성 잉크를 준비하였다.

(a) 직물 (b) 전도성 잉크 (c) 스크린 마스터

그림 **5-28** 근전도 측정 종아리 슬리브의 스크린 프린팅에 사용되는 재료

STEP 2) 스크린 프린터 세팅하기

스크린 프린터 세팅 방법은 5.1절의 내용과 동일하다.

STEP 3) 스크린 마스터 장착하기

스크린 마스터 장착 방법은 5.1절의 내용과 동일하다. 스크린 프린터 장비의 전원을 공급한 뒤, 그림 5-13과 같이 스크린 마스터를 장착한다.

STEP 4) 스크린 프린팅하기

스크린 마스터를 장착하였다면 스크린 프린팅을 준비한다. 5.1절의 그림 5-14에 따라 스퀴즈 헤드의 이동 범위를 설정하고, 전도성 잉크를 도포하여 프린팅한다.

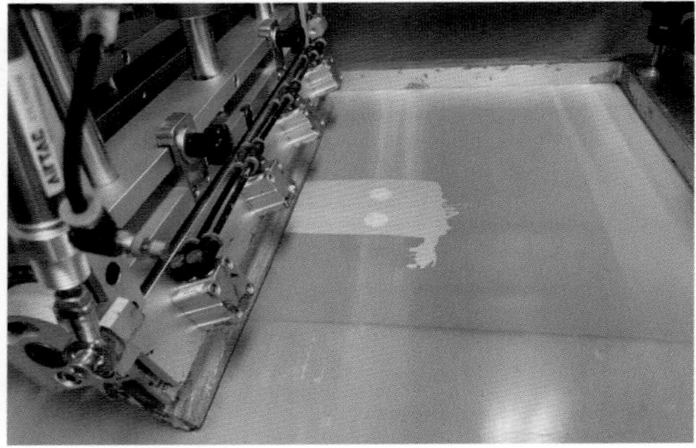

그림 5-29 근전도 측정 전극의 스크린 프린팅 과정

그림 5-30 스크린 프린팅한 근전도 측정 전극 제작 샘플

(4) 근전도 측정 종아리 슬리브 완성 및 성능 확인

직물 위에 프린팅한 전극을 종아리 슬리브 패턴에 맞게 재단하고 봉제하여 근전도 측정 종아리 슬리브를 완성한다. 이후 그림 5-31과 같이 전극에 금속 스냅을 부착하고, 근전도 측정 디바이스를 연결하여 근전도 신호 측정을 확인한다.

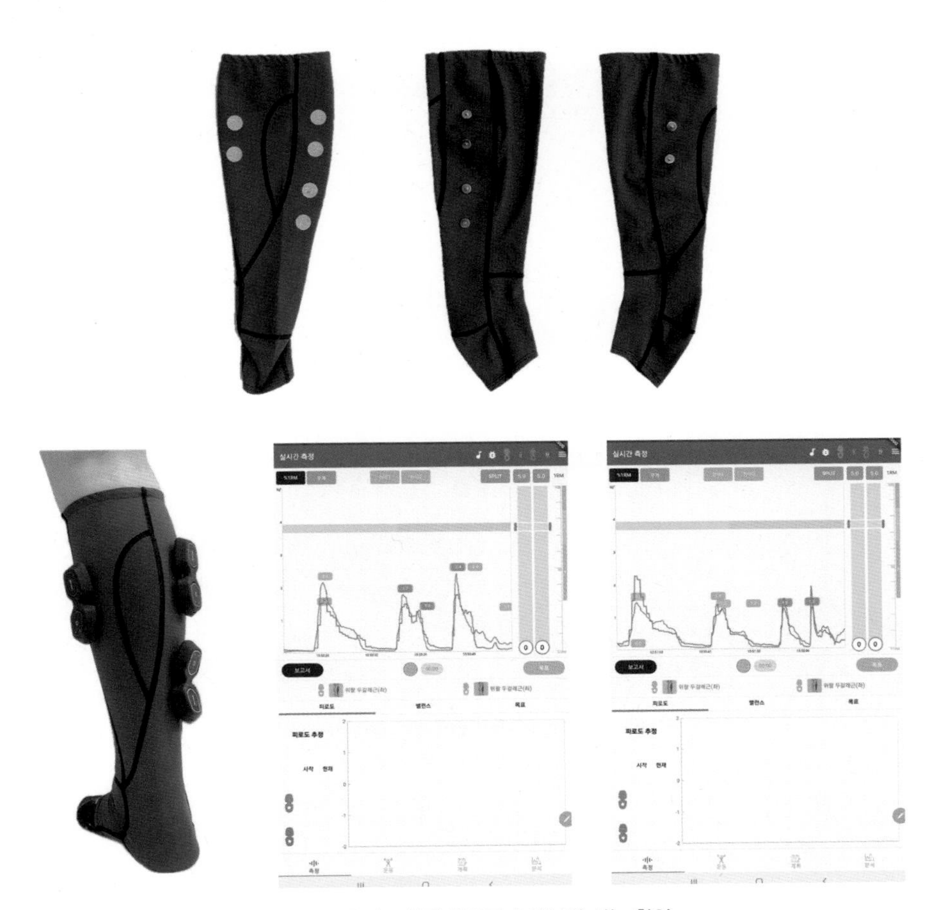

그림 **5-31** 근전도 측정 종아리 슬리브의 성능 확인

5.4 EMS 손목 보호대

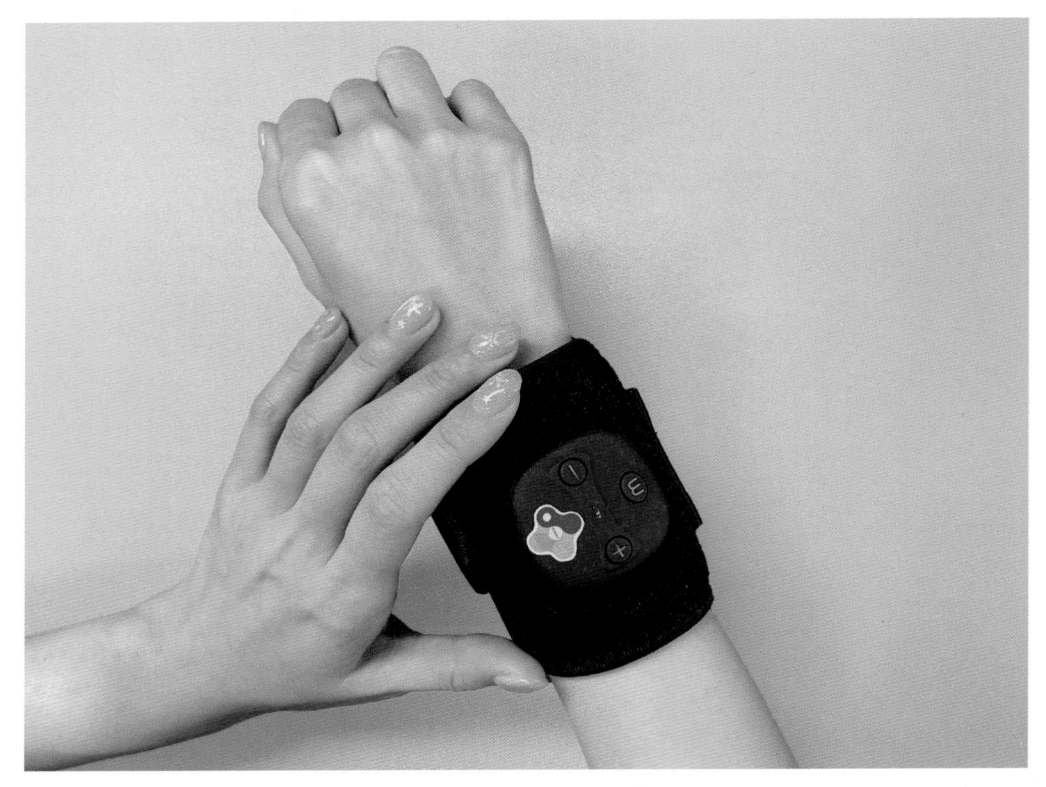

그림 **5-32** EMS 손목 보호대

실습 개요

EMS(Electrical Muscle Stimulation)는 근육에 인위적으로 높은 전류를 부하해서 근육의 수축을 유도하는 방법으로, 개인의 근력 향상이나 재활 및 회복 등의 수단으로 사용된다. 최근 EMS를 트레이닝, 마사지 등에 활용하면서 다양한 소형의 저주파 자극 장치가 개발되고 있다. 일반적으로 소형의 저주파 자극 장치는 하이드로겔 패드와 디바이스로 구성되어 있으나, 최근에는 텍스타일 또는 실리콘 소재 기반의 건식 전극을 활용한 슬리브 및 의류 제품이 개발되고 있다. 이러한 EMS 웨어러블 제품은 기존의 하이드로겔 패드보다 착용성이 우수하며, 움직임을 방해하지 않아 일상생활을 유지하면서도 치료 및 훈련 효과를 얻을 수 있다.

이에 본 실습에서는 직물에 전극을 프린팅하여 마사지가 가능한 EMS 손목 보호대를 제작하고자 한다.

(1) 전극 설계

EMS는 근육에 전류를 부하하는 것으로, (+)와 (-)로 구성된 두 개의 전극이 필요하다. 이에 본 실습에서는 길이 80 mm, 두께 20 mm의 전극을 설계하고, 전극 간의 거리는 30 mm로 지정하여 전극 파일을 생성하였다. 이때 전극은 반드시 '외곽선 없음', '채우기 검은색'의 옵션으로 지정해야 한다.

그림 5-33 EMS 전극 디자인 예시

(2) 스크린 마스터 제작

설계된 전극을 프린팅하기 위해 스크린 마스터를 제작한다. 스크린 마스터 제작 방법은 5.1절의 내용과 동일하며, 본 과정을 통해 제작된 EMS 손목 보호대용 스크린 마스터는 그림 5-34와 같다.

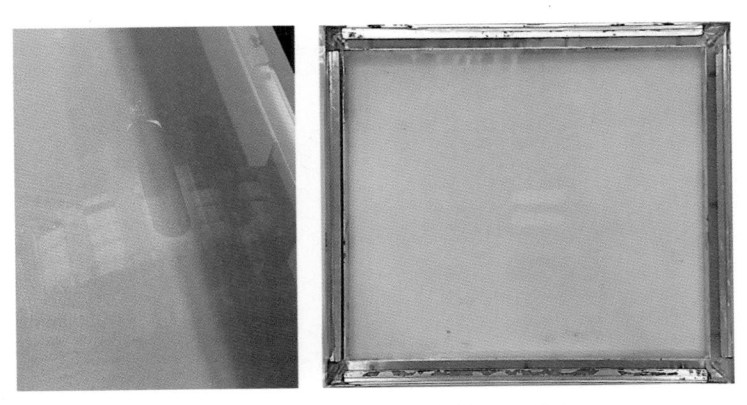

그림 5-34 스크린 마스터에 인쇄된 EMS 전극

(3) 스크린 프린팅

STEP 1) 스크린 프린팅을 위한 재료 준비하기

스크린 프린팅을 위해 그림 5-35와 같이 직물, 전도성 잉크, 스크린 마스터가 필요하다. 손목을 보호할 수 있는 기재 원단은 신축성과 충격 흡수성을 모두 갖추어, 손목 부위에 밀착되면서도 외부 충격이 손목에 닿지 않도록 보호할 수 있어야 한다. 또한 전극으로 사용되는 전도성 잉크는 미세한 전류를 피부로 전달해야 하므로 전기 저항이 낮으면서도 전류 조절이 가능해야 한다. 이에 폼(foam)과 직물이 라미네이팅된 본 실습에서는 네오프렌과 그래핀 기반의 전도성 잉크를 준비하였다.

(a) 직물

(b) 전도성 잉크

(c) 스크린 마스터

그림 **5-35** EMS 손목 보호대의 스크린 프린팅에 사용되는 재료

STEP 2) 스크린 프린터 세팅하기

스크린 프린터 세팅 방법은 5.1절의 내용과 동일하다.

STEP 3) 스크린 마스터 장착하기

스크린 마스터 장착 방법은 5.1절의 내용과 동일하다. 스크린 프린터 장비의 전원을 공급한 뒤, 그림 5-13과 같이 스크린 마스터를 장착한다.

STEP 4) 스크린 프린팅하기

스크린 마스터를 장착하였다면 스크린 프린팅을 준비한다. 5.1절의 그림 5-14에 따라 스퀴즈 헤드의 이동 범위를 설정하고, 전도성 잉크를 도포하여 프린팅한다.

그림 **5-36** EMS 전극의 스크린 프린팅 과정

그림 **5-37** 스크린 프린팅한 EMS 전극 제작 샘플

(4) EMS 손목 보호대 완성 및 성능 확인

직물 위에 프린팅한 전극을 손목 보호대 패턴에 맞게 재단하고 봉제하여 EMS 손목 보호대를 완성한다. 이후 EMS 디바이스와 연결하기 위해 그림 5-38과 같이 금속 스냅을 부착하고, 디바이스를 연결하여 EMS 손목 보호대의 성능을 확인한다.

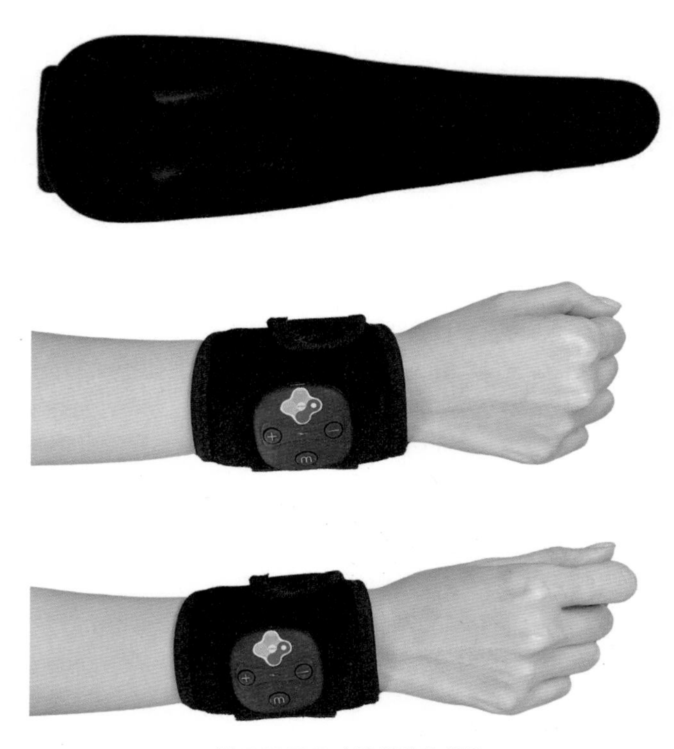

그림 5-38 EMS 손목 보호대 샘플

참고문헌

논문

- Aigner, R., Pointner, A., Preindl, T., Parzer, P., & Haller, M. (2020). Embroidered resistive pressure sensors: A novel approach for textile interfaces. *In Proceedings of the 2020 CHI Conference on Human Factors in Computing Systems*, 1–13.
- Angelucci, A., Cavicchioli, M., Cintorrino, I. A., Lauricella, G., Rossi, C., Strati, S., & Aliverti, A. (2021). Smart textiles and sensorized garments for physiological monitoring: A review of available solutions and techniques. *Sensors, 21*(3), 814.
- Bariya, M., Shahpar, Z., Park, H., Sun, J., Jung, Y., Gao, W., ··· & Javey, A. (2018). Roll-to-roll gravure printed electrochemical sensors for wearable and medical devices, *ACS nano, 12*, 6978–6987.
- Boumegnane, A., Nadi, A., Cochrane, C., Boussu, F., Cherkaoui, O., & Tahiri, M. (2022). Formulation of conductive inks printable on textiles for electronic applications: A review. *Textile Progress, 54*(2), 103–200.
- Camargo, J. R., Orzari, L. O., Araújo, D. A. G., Oliveira, P. R., Kalinke, C., Rocha, D. P., Santos, A. L., Takeuchi, R. M., Munoz, R. A. A., Bonacin, J. A., & Janegitz, B. C. (2021). Development of conductive inks for electrochemical sensors and biosensors. *Microchemical Journal, 164*, 105998.
- Chatterjee, K., Tabor, J., & Ghosh, K. T. (2019). Electrically conductive coatings for fiber-based e-textiles. *Fibers, 7*(6), 51.
- Dimitriou, E. & Michailidis, N. (2021). Printable conductive inks used for the fabrication of electronics: An overview. *Nanotechnology, 32*(50), 502009.
- Farraj, Y., Kanner, A., & Magdassi, S. (2023). E-textile by printing an all-through penetrating copper complex ink. *ACS Applied Materials & Interfaces, 15*(17), 21651–21658.
- Gonzalez, R., Ashrafizadeh, H., Lopera, A., Mertiny, P., & Mcdonald, A. (2016). A review of thermal spray metallization of polymer-based structures. *Journal of Thermal Spray Technology, 25*, 897–919.
- Htwe, Y. Z. N. & Mariatti, M. (2022). Printed graphene and hybrid conductive inks for flexible, stretchable, and wearable electronics: Progress, opportunities, and challenges. *Journal of Science: Advanced materials and devices*, 100435.
- Htwe, Y. Z. N., Mariatti, M., & Khan, J. (2024). Review on solvent-and surfactant-assisted water-based conductive inks for printed flexible electronics applications. *Journal of Materials Science: Materials in*

Electronics, 35(18), 1191.

- Huang, Q. & Zhu, Y. (2019). Printing conductive nanomaterials for flexible and stretchable electronics, *Advanced Materials Technologies, 4*, 1800546.
- Islam, M. R., Afroj, S., Yin, J., Novoselov, K. S., Chen, J., & Karim, N. (2024). Advances in printed electronic textiles. *Advanced Science, 11*(6), 2304140.
- Islam, R., Khair, N., Ahmed, D. M., & Shahariar, H. (2019). Fabrication of low cost and scalable carbon-based conductive ink for E-textile applications. *Materials Today Communications, 19*, 32–38.
- Kan, C. W. (2007). The use of plasma pre-treatment for enhancing the performance of textile ink-jet printing. *Journal of Adhesion Science and Technology, 12*(10), 911–921.
- Kant, T., Shrivas, K., Tapadia, K., Devi, R., Ganesan, V., & Deb, M. K. (2021). Inkjet-printed paper-based electrochemical sensor with gold nano-ink for detection of glucose in blood serum. *New Journal of Chemistry, 45*(18), 8297–8305.
- Karim, N., Afroj, S., Malandraki, A., Butterworth, S., Beach, C., Rigout, M., Novoselov, K. S., Casson, A. J., & Yeates, S. G. (2017). All inkjet-printed graphene-based conductive patterns for wearable e-textile applications. *Journal of Materials Chemistry C, 5*(44), 11640–11648.
- Karthik, P. S. & Singh, S. P. (2015). Conductive silver inks and their applications in printed and flexible electronics. *RSC Advances, 5*(95), 77760–77790.
- Karthik, P. S. & Singh, S. P. (2015). Copper conductive inks: Synthesis and utilization in flexible electronics. *RSC advances, 5*(79), 63985–64030.
- Kim, K., Choi, J., Jeong, Y., Cho, I., Kim, M., Kim, S., Oh, Y., & Park, I. (2019). Highly sensitive and wearable liquid metal-based pressure sensor for health monitoring applications: integration of a 3D-printed microbump array with the microchannel. *Advanced Healthcare Materials, 8*(22), 1900978.
- Li, D., Lai, W. Y., Feng, F., & Huang, W. (2021). Post-treatment of screen-printed silver nanowire networks for highly conductive flexible transparent films. *Advanced Materials Interfaces, 8*(13), 2100548.
- Li, H., Wang, S., Dong, X., Ding, X., Sun, Y., Tang, H., Lu, Y., Tang, Y., & Wu, X. (2022). Recent advances on ink-based printing techniques for triboelectric nanogenerators: Printable inks, printing technologies and applications. *Nano Energy, 101*, 107585.
- Li, J., Zhang, X., Liu, X., Liang, Q., Liao, G., Tang, Z., & Shi, T. (2020). Conductivity and foldability enhancement of Ag patterns formed by PVAc modified Ag complex inks with low-temperature and rapid sintering. *Materials & Design, 185*, 108255.
- Li, W., Meredov, A., & Shamim, A. (2019). Coated-and print patterning of silver nanowires for flexible and transparent electronics. *Npj flexible electronics*, 19.
- Lo, L. W., Zhao, J., Wan, H., Wang, Y., Chakrabartty, S., & Wang, C. (2021). An inkjet-printed PEDOT: PSS-based stretchable conductor for wearable health monitoring device applications. *ACS Applied Materials & Interfaces, 13*(18), 21693–21702.
- Meena, J. S., Choi, S. B., Jung, S. B., & Kim, J. W. (2023). Electronic textiles: New age of wearable technology for healthcare and fitness solutions. *Materials Today Bio, 19*, 100565.

- Nechyporchuk, O., Yu, J., Nierstrasz, V. A., & Bordes, R. (2017). Cellulose nanofibril-based coatings of woven cotton fabrics for improved inkjet printing with a potential in e-textile manufacturing. *ACS Sustainable Chemistry & Engineering, 5*, 4793–4801.
- Neumann, T. V. & Dickey, M. D. (2020). Liquid metal direct write and 3D printing: A review. *Advanced Materials Technologies, 5*, 2000070.
- O'Mahony, C., Haq, E. U., Silien, C., & Tofail, S. A. (2019). Rheological issues in carbon-based inks for additive manufacturing. *Micromachines, 10*, 99.
- Ojstršek, A., Plohl, O., Gorgieva, S., Kurečič, M., Jančič, U., Hribernik, S., & Fakin, D. (2021). Metallisation of textiles and protection of conductive layers: An overview of application techniques. *Sensors, 21*, 3508.
- Park, S., Kim, H., Kim, J. H., & Yeo, W. H. (2020). Advanced nanomaterials, printing processes, and applications for flexible hybrid electronics. *Materials, 13*(16), 3587.
- Parthasarathy, P. (2023). Graphene/polypyrrole/carbon black nanocomposite material ink-based screen-printed low-cost, flexible humidity sensor. *Emergent Materials, 6*(6), 2053–2060.
- Rayhan, M. G. S., Khan, M., Shoily, M. T., Rahman, H., Rahman, M. R., Akon, M. T., Hoque, M., Khan, Md. R., Rifat, T. R., Uddin, M. A., & Sayem, A. S. M. (2023). Conductive textiles for signal sensing and technical applications. *Signals, 4*(1), 1–39.
- Shi, J., Chen, X., Li, G., Sun, N., Jiang, H., Bao, D., Xie, L., Peng, M., Liu, Y., Wen, Z., & Sun, X. (2019). A liquid PEDOT:PSS electrode-based stretchable triboelectric nanogenerator for a portable self-charging power source. *Nanoscale, 11*, 7513–7519.
- Sun, J., Sun, R., Jia, P., Ma, M., & Song, Y. (2022). Fabrication of flexible conductive structures by printing techniques and printable conductive materials. *Journal of Material Chemistry C, 10*, 9441.
- Trlica, C., Parekh, D. P., Panich, L., Ladd, C., & Dickey, M. D. (2014). 3-D printing of liquid metals for stretchable and flexible conductors. *In Micro-and Nanotechnology Sensors, Systems, and Applications VI*, 9083, 264–273).
- Wang, X. & Liu, J. (2016). Recent advancements in liquid metal flexible printed electronics: properties, technologies and applications. *Micromachines, 7*(12), 206.
- Yeun, E. & Kim, J. (2021). A study on the high sensitivity electrical muscle stimulation(EMS) pad using E-Textile. *Science of Emotion and Sensibility, 24*(3), 81–90.
- Yokus, M. A., Foote, R., & Jur, J. S. (2016). Printed stretchable interconnects for smart garments: Design, fabrication, and characterization. *IEEE Sensors Journal, 16*(22), 7967–7976.
- Yoon, I. S., Oh, Y., Kim, S. H., Choi, J., Hwang, Y., Park, C. H., & Ju, B. K. (2019). 3D Printing of self-wiring conductive ink with high stretchability and stackability for customized wearable devices. *Advanced Materials Technologies, 4*, 1900363.
- Zavanelli, N. & Yeo, W. H. (2021). Advances in screen printing of conductive nanomaterials for stretchable electronics. *ACS Omega, 6*, 9344–9351.
- Zeng, M. & Zhang, Y. (2019). Colloidal nanoparticle inks for printing functional devices: Emerging trends and future prospects. *Journal of Materials Chemistry A, 7*, 23301.

- Zeng, X., He, P., Hu, M., Zhao, W., Chen, H., Liu, L., Sun, J., & Yang, J. (2022). Copper inks for printed electronics: A review. *Nanoscale, 14*(43), 16003–16032.
- Zhang, M., Zhao, M., Jian, M., Wang, C., Yu, A., Yin, Z., Liang, X., Wang, H., Xia, K., Liang, X., Zhai, J., & Zhang, Y. (2019). Printable smart pattern for multifunctional energy-management E-textile. *Matter, 1*, 168–179.
- Zhang, X., Wang, Y., Fu, D., Wang, G., Wei, H., & Ma, N. (2021). Photo-thermal converting polyaniline/ionic liquid inks for screen printing highly-sensitive flexible uncontacted thermal sensors. *European Polymer Journal, 147*, 110305.
- Zheng, Y., He, Z., Gao, Y., & Liu, J. (2013). Direct desktop printed-circuits on paper flexible electronics. *Scientific Reports, 3*(1), 1786.
- Zhong, T., Jin, N., Yuan, W., Zhou, C., Gu, W., & Cui, Z. (2019). Printable stretchable silver ink and application to printed RFID tags for wearable electronics. *Materials, 12*(18), 3036.

보고서

- Yamamoto, Y. (2018). *Conductive Ink Markets 2018–2028: Forecasts, Technologies, Players*. IDTechEx. https://www.idtechex.com/de/research-report/conductive-ink-markets-2018-2028-forecasts-technologies-players/580

홈페이지

- 광일섬유: http://www.kitt.kr/conductive-fabrics.html
- AgIC: https://materialdistrict.com/article/this-magic-marker-from-japan-is-electric
- Franz Binder: https://www.binder-connector.com/uk/customer-specific-solutions/technologies/printed-electronics
- Henkel AG: https://www.henkel-adhesives.com/kr/ko/products/industrial-coatings/inks-coatings.html
- Heraeus Holding Youtube Page: https://www.youtube.com/watch?v=Q1xh8hiRJm4
- Holst Centre: https://www.by-wire.net/clsaf
- Intexar: https://www.celanese.com/products/micromax/intexar
- Liquid Midi: https://chromosonic.tumblr.com/post/123993207612/designisso-liquid-midi-by-ejtech-the-last
- Lubrizol: https://www.lubrizol.com/Engineered-Polymers/Applications/Performance-Apparel/MTC-Jacket
- Micromax: https://www.celanese.com/products/micromax
- Owlet: https://owletcare.com.au/blogs/blog/owlet-band-a-prenatal-wellness-product?srsltid=AfmBOoryuJyHpY43_Xywbo209p97Cl5ma2CAJP6qbVET37o43oeWz76u
- Printed Electronics: https://www.printedelectronics.com/electronics/wearables

- Saralon: https://www.saralon.com
- SGL carbon: https://www.sglcarbon.com
- Shieldex: https://www.vtechtextiles.com/conductive-yarns-threads-fibers
- Sun Chemical: https://www.sunchemical.com/product/electronic-materials

찾아보기

기타